はじめに

　この本は，環境倫理学について何も知らない人が，その周辺を含めてひと通りの知識を得るために必要な本を集めたブックガイドです．

　ここで紹介する本は，大学生（学部生）が環境倫理学の授業のレポートを書くときに参照すべき本ともいえます．本書の原型は大学（学部）での環境倫理学の授業の中で配布した参考文献リストにあるからです．環境倫理を「机上の空論」ではなく実践的な規範として構築するためには，現実に起こっている問題や，さまざまな分野のアプローチから学ぶ必要があります．そこから授業では，いわゆる「倫理学」の本よりも，「環境学」の文献を多く紹介してきました．

　今回，参考文献リストにかなり手を加えて100冊の本を選び直しました．選書に際しては，以下を基準としました．
（1）　初学者が読んで興味が持てるような本，入門的な本を多めに選びました．より本格的に学びたい人は，ここで取りあげた本の参考文献表などを活用してください．
（2）　日本語の本に限定しました．洋書については，ここで紹介した本の参考文献表などを参照してください．
（3）　原則として，著者1名につき1冊を選びました．特定の著者の本をたくさん選んでしまうのを避けるためです．ただし例外的に2冊の本を選んでいる場合もあります．
（4）　古い本も遠慮なく選びました．中には絶版の本もありますが，図書館に所蔵されていたり，古本で買えたりしますので，アクセス不可能ではないと考えました．
（5）　複数のバージョンがある本（単行本，文庫本など）については，基本的に新しいバージョンを紹介しています．見出しの部分には，出版社だけでな

i

はじめに

く，その本の形態についても記載しました（「ちくま新書」など）．本文中
カッコ内の数字は，そのバージョンの本のページ数を表しています．

　本書は二部構成で14のPartに分かれています．第Ⅰ部は，これまでの環境
倫理学の枠組みを理解するための本を50冊選びました．第Ⅱ部は，環境倫理学
の枠組みを拡張するような50冊を選びました．各部の冒頭に，どんな本を選ん
だのかを簡単に記しておきましたので，まずはここを読んでみてください．

　本書はブックガイドですので，どの項目からでも読むことができます．ただ，
最初から順を追って読んでいただくと，一つの「流れ」が見えてくるようにな
っていますので，一度お試しいただければと思います．

　このブックガイドが，みなさんの「本選び」の参考になれば幸いです．

目 次

はじめに ……………………………………………………………………… i

第Ⅰ部　環境倫理学の枠組みを知るための50冊

【Part 1】現代倫理学の射程

1.『現代倫理学入門』加藤尚武 ……………………………………… 6

2.『現代倫理学の冒険——社会理論のネットワーキングへ』川本隆史
　 ……………………………………………………………………… 8

3.『教養としての応用倫理学』浅見昇吾，盛永審一郎編 …………… 10

4.『技術者倫理の世界　第3版』藤本温編著 ……………………… 12

5.『人文・社会科学のための研究倫理ガイドブック』眞嶋俊造，
　 奥田太郎，河野哲也編著 ………………………………………… 14

【Part 2】欧米の環境倫理

6.『野生のうたが聞こえる』アルド・レオポルド ………………… 18

7.『自然の権利——環境倫理の文明史』ロデリック・F・ナッシュ… 20

8.『自然に対する人間の責任』ジョン・パスモア ………………… 22

9.『ディープ・エコロジー』アラン・ドレングソン，井上有一共編
　 ……………………………………………………………………… 24

10.『生物多様性という名の革命』デヴィッド・タカーチ …………… 26

11.『生命学への招待——バイオエシックスを超えて』森岡正博 …… 28

12.『アメリカの環境保護運動』岡島成行 …………………………… 30

13.『エコ・テロリズム——過激化する環境運動と，アメリカの内なるテ
　 ロ』浜野喬士 ……………………………………………………… 32

14.『環境倫理学ノート——比較思想的考察』小坂国継 …………… 34

15.『肉食の思想——ヨーロッパ精神の再発見』鯖田豊之 ………… 36

iii

目 次

【Part 3】 グローバルな環境倫理

16. 『環境倫理学のすすめ』加藤尚武 ……………………………… 40
17. 『なぜ経済学は自然を無限ととらえたか』中村修 ……………… 42
18. 『「定常経済」は可能だ！』ハーマン・デイリー，枝廣淳子 …… 44
19. 『21世紀　知の挑戦』立花隆 …………………………………… 46
20. 『20世紀環境史』J.R.マクニール ……………………………… 48

【Part 4】 ローカルな環境倫理

21. 『自然保護を問いなおす —— 環境倫理とネットワーク』鬼頭秀一
　　………………………………………………………………… 52
22. 『多声性の環境倫理 —— サケが生まれ帰る流域の正統性のゆくえ』
　　福永真弓 ……………………………………………………… 54
23. 『自然再生の環境倫理 —— 復元から再生へ』富田涼都 ………… 56
24. 『水辺ぐらしの環境学 —— 琵琶湖と世界の湖から』嘉田由紀子
　　………………………………………………………………… 58
25. 『焼畑と熱帯林 —— カリマンタンの伝統的焼畑システムの変容』
　　井上真 ………………………………………………………… 60

【Part 5】 科学技術の倫理

26. 『危険社会 —— 新しい近代への道』ウルリヒ・ベック ………… 64
27. 『環境リスクと合理的意思決定 —— 市民参加の哲学』
　　クリスティン・シュレーダー＝フレチェット ………………… 66
28. 『公共のための科学技術』小林傳司編 ………………………… 68
29. 『科学は誰のものか —— 社会の側から問い直す』平川秀幸 …… 70
30. 『核兵器のしくみ』山田克哉 …………………………………… 72
31. 『原子力発電』武谷三男編 ……………………………………… 74
32. 『原発事故はなぜくりかえすのか』高木仁三郎 ……………… 76
33. 『無責任の構造 —— モラルハザードへの知的戦略』岡本浩一 …… 78
34. 『原発と日本の未来 —— 原子力は温暖化対策の切り札か』吉岡斉
　　………………………………………………………………… 80
35. 『科学・技術と社会倫理 —— その統合的思考を探る』山脇直司編
　　………………………………………………………………… 82

目 次

【Part 6】 公害と環境正義

36. 『岩波　応用倫理学講義2　環境』丸山徳次編 …………… 86

37. 『環境正義と平和 ── 「アメリカ問題」を考える』戸田清 ……… 88

38. 『公害・環境研究のパイオニアたち ── 公害研究委員会の50年』
　　宮本憲一，淡路剛久編 ……………………… 90

39. 『環境社会学のすすめ』飯島伸子 ……………………… 92

40. 『産廃ビジネスの経営学』石渡正佳 ……………………… 94

【Part 7】 自然保護から生物多様性保全へ

41. 『日本の自然保護 ── 尾瀬から白保，そして21世紀へ』石川徹也
　　………………………………………………… 98

42. 『自然保護 ── その生態学と社会学』吉田正人 ……………… 100

43. 『いちばん大事なこと ── 養老教授の環境論』養老孟司 ……… 102

44. 『生物多様性というロジック ── 環境法の静かな革命』及川敬貴
　　………………………………………………… 104

45. 『バイオパイラシー ── グローバル化による生命と文化の略奪』
　　バンダナ・シバ ……………………………… 106

【Part 8】 諸学のなかの環境倫理

46. 『生命倫理百科事典』生命倫理百科事典翻訳刊行委員会編 …… 110

47. 『応用倫理学事典』加藤尚武編集代表 …………………… 111

48. 『役に立つ地理学』伊藤修一ほか編 ……………………… 112

49. 『コミュニタリアニズムのフロンティア』小林正弥，菊池理夫編
　　………………………………………………… 113

50. 『[気づき] の現代社会学II』江戸川大学現代社会学科編 ……… 114

第II部　環境倫理学の枠組みを広げるための50冊

【Part 9】 環境問題と社会科学

51. 『現代社会の理論 ── 情報化・消費化社会の現在と未来』見田宗介
　　………………………………………………… 120

目 次

52. 『ローカル・ノレッジ──解釈人類学論集』クリフォード・ギアーツ
　　……………………………………………………………………122

53. 『スモールイズビューティフル──人間中心の経済学』
　　E.F. シューマッハー……………………………………………124

54. 『思考のフロンティア　環境』諸富徹………………………126

55. 『自動車の社会的費用』宇沢弘文……………………………128

56. 『アメニティと歴史・自然遺産』環境経済・政策学会編………130

57. 『来るべき民主主義──小平市都道328号線と近代政治哲学の諸問題』
　　國分功一郎……………………………………………………132

58. 『自然の権利──法はどこまで自然を守れるか』
　　山村恒年・関根孝道編………………………………………134

59. 『プレップ環境法　第2版』北村喜宣……………………136

60. 『日本の動物法　第2版』青木人志……………………………138

【Part 10】環境論を問いなおす

61. 『環境保護運動はどこが間違っているのか？』槌田敦…………142

62. 『温暖化論のホンネ──「脅威論」と「懐疑論」を超えて』
　　枝廣淳子，江守正多，武田邦彦………………………………144

63. 『エコ論争の真贋』藤倉良………………………………………146

64. 『自然エネルギーの可能性と限界──風力・太陽光発電の実力と現
　　実解』石川憲二……………………………………………………148

65. 『足もとの自然から始めよう──子どもを自然嫌いにしたくない親
　　と教師のために』デイヴィド・ソベル…………………………150

【Part 11】地域環境保全と市民の力

66. 『新版ナショナル・トラスト──自然と歴史的環境を守る住民運動，
　　ナショナル・トラストのすべて』木原啓吉……………………154

67. 『南方熊楠──地球志向の比較学』鶴見和子…………………156

68. 『鎌倉広町の森はかくて守られた──市民運動の25年間の軌跡』
　　鎌倉の自然を守る連合会………………………………………158

69. 『希望を捨てない市民政治──吉野川可動堰を止めた市民戦略』
　　村上稔…………………………………………………………160

目次

70. 『「奇跡の自然」の守りかた —— 三浦半島・小網代の谷から』
　　岸由二，柳瀬博一 ······················162

71. 『環境ボランティア・NPOの社会学』鳥越晧之編 ···········164

72. 『プロボノ —— 新しい社会貢献，新しい働き方』嵯峨生馬 ·······166

73. 『レジリエンス　復活力 —— あらゆるシステムの破綻と回復を分け
　　るものは何か』アンドリュー・ゾッリ，アン・マリー・ヒーリー
　　·······························168

74. 『孤独なボウリング —— 米国コミュニティの崩壊と再生』
　　ロバート・パットナム ····················170

75. 『リナックスの革命 —— ハッカー倫理とネット社会の精神』
　　ペッカ・ヒマネンほか ····················172

【Part 12】場所論と風土論

76. 『生物から見た世界』ユクスキュル，クリサート ···········176

77. 『〈身〉の構造 —— 身体論を超えて』市川浩 ·············178

78. 『ジンメル・エッセイ集』ゲオルク・ジンメル ·············180

79. 『風土 —— 人間学的考察』和辻哲郎 ················182

80. 『森林の思考・砂漠の思考』鈴木秀夫 ···············184

81. 『文明と自然 —— 対立から総合へ』伊東俊太郎 ··········186

82. 『空間の経験 —— 身体から都市へ』イーフー・トゥアン ·······188

83. 『場所の現象学 —— 没場所性を超えて』エドワード・レルフ ·····190

84. 『風土としての地球』オギュスタン・ベルク ············192

85. 『環境倫理と風土 —— 日本的自然観の現在化の視座』亀山純生
　　·······························194

【Part 13】景観保全と都市環境

86. 『エコエティカ —— 生圏倫理学入門』今道友信 ··········198

87. 『失われた景観 —— 戦後日本が築いたもの』松原隆一郎 ······200

88. 『アメニティ・デザイン —— ほんとうの環境づくり』進士五十八
　　·······························202

89. 『都市と緑 —— 近代ドイツの緑化文化』穂鷹知美 ·········204

目 次

90. 『都市のコスモロジー ── 日・米・欧都市比較』
オギュスタン・ベルク …………………… 206

91. 『隠れた秩序 ── 二十一世紀の都市に向かって』芦原義信 ……… 208

92. 『アメリカ大都市の死と生』ジェイン・ジェイコブズ ………… 210

93. 『都市にとって自然とは何か』財団法人余暇開発センター編 … 212

94. 『感性の哲学』桑子敏雄 …………………………………… 214

95. 『空地の思想』大谷幸夫 …………………………………… 216

【Part 14】都市の環境倫理をめざして

96. 『環境倫理学』鬼頭秀一，福永真弓編 ………………………… 220

97. 『コミュニティ ── 公共性・コモンズ・コミュニタリアニズム』
広井良典，小林正弥編 ……………………………………… 221

98. 『ジェイン・ジェイコブズの世界1916－2006』塩沢由典ほか編
……………………………………………………………… 222

99. 『千葉市のまちづくりを語ろう』水島治郎，吉永明弘編 ……… 223

100. 『都市の環境倫理 ── 持続可能性，都市における自然，アメニティ』
吉永明弘 ……………………………………………………… 224

おわりに ………………………………………………………… 225

初出一覧 ………………………………………………………… 228

viii

第Ⅰ部　環境倫理学の枠組みを知るための50冊

【**Part 1　現代倫理学の射程**】では，まず現代の倫理学者がどんなことを研究しているのかが分かる本を紹介する．「倫理」や「倫理学」について，研究者と一般的との間で理解にずれがあると思われるからである．加藤尚武『現代倫理学入門』，川本隆史『現代倫理学の冒険』，浅見昇吾，盛永審一郎編『教養としての応用倫理学』，藤本温ほか『技術者倫理の世界』を読むと，現代の倫理学者がどんなことを研究しているのかが把握できるだろう．眞嶋俊造，奥田太郎，河野哲也編著『人文・社会科学のための研究倫理ガイドブック』をあわせて読めば，倫理学が研究者自身をも対象にしていることが分かるだろう．

【**Part 2　欧米の環境倫理学**】では，欧米の環境倫理学の最低限の基本文献を紹介する．アルド・レオポルド『野生のうたが聞こえる』は環境倫理学の原点に位置づけられる本なので，この内容を知らないと話にならない．ロデリック・ナッシュ『自然の権利』は環境倫理学の人物事典として使える本である．ジョン・パスモア『自然に対する人間の責任』は哲学者が書いた世界初の環境倫理学の本として有名である．アラン・ドレングソン，井上有一共編『ディープ・エコロジー』は，ディープ・エコロジー思想の最良の論文集である．アメリカの環境倫理学の主要テーマである「自然の価値論」を知るには，デイヴィド・タカーチ『生物多様性という名の革命』の「価値」の章を読むとよい．解説書としては，森岡正博『生命学への招待』，岡島成行『アメリカの環境保護運動』，浜野喬士『エコ・テロリズム』，小坂国継『環境倫理学ノート』が役立つだろう．また，鯖田豊之『肉食の思想』は西洋の人間中心主義の背景を知る上で有益な本である．

【**Part 3　グローバルな環境倫理**】では，日本の環境倫理学の基本的な枠組である「地球の有限性」をテーマにした本を紹介する．加藤尚武『環境倫理学

第Ⅰ部　環境倫理学の枠組みを知るための50冊

のすすめ』は，欧米の環境倫理学を批判的に吸収し，独自の環境倫理学を作り上げている．加藤はこの本以降，「地球の有限性」をあらゆる議論の前提に置くべきと主張している．この主張を理解するために，中村修『なぜ経済学は自然を無限ととらえたか』，ハーマン・デイリー，枝廣淳子『「定常経済」は可能だ！』を読むことを薦める．立花隆『21世紀　知の挑戦』は20世紀の特徴を爆発的な「量」の増大に置いている．あわせて J.R. マクニール『20世紀環境史』を読むと，環境問題が20世紀の問題であることが分かるだろう．

【Part 4　ローカルな環境倫理】では，日本の環境倫理のもう一つの流れを紹介する．それは，鬼頭秀一が『自然保護を問いなおす』の中で打ち出した「ローカルな環境倫理」の流れである．現在では，鬼頭の構想が学際的に展開されることによって具体的な成果を挙げつつある．福永真弓『多声性の環境倫理』と富田涼都『自然再生の環境倫理』はその好例である．嘉田由紀子『水辺ぐらしの環境学』や井上真『焼畑と熱帯林』も，鬼頭の構想に近い議論を行っているので，あわせて読むとよいだろう．

【Part 5　科学技術の倫理】では，環境問題を引き起こした科学技術に関する倫理学の本を紹介する．ウルリヒ・ベック『危険社会』とシュレーダー＝フレチェット『環境リスクと合理的意思決定』は，現代の環境問題に関心のある人は全員読んでもらいたい本である．科学技術社会学（STS）の本としては，小林傳司編『公共のための科学技術』と平川秀幸『科学は誰のものか』がよくまとまっている．原発については，山田克哉『核兵器のしくみ』と武谷三男『原子力発電』を読めば，その技術的メカニズムと問題点がよく分かるだろう．高木仁三郎『原発事故はなぜくりかえすのか』，岡本浩一『無責任の構造』，吉岡斉『原発と日本の未来』を読むと，社会的，心理的，経済的な側面から原発について考えることができるようになるだろう．山脇直司編『科学技術と社会倫理』は，3.11以降の科学技術と倫理のあり方に関する論文集である．

【Part 6　環境正義と公害】では，未だ終わっていない公害問題とそれに伴う環境正義の本，および近年ますます深刻化する廃棄物問題に関する本を紹介

する．丸山徳次編『岩波 応用倫理学講義2 環境』は「水俣病からの環境倫理学の再起動」を目指した本である．戸田清『環境正義と平和』は，地球規模および地域規模での環境正義を丹念に説明している．宮本憲一，淡路剛久編『公害・環境研究のパイオニアたち』は，公害や環境問題に取り組んだ研究者たちの評伝である．飯島伸子『環境社会学のすすめ』は，公害に対する環境社会学のアプローチを分かりやすく伝えてくれる．石渡正佳『産廃ビジネスの経営学』は産廃Gメンによるアウトローに対する処方箋である．

【Part 7 自然保護から生物多様性の保全へ】では，自然保護論と生物多様性保全論についてひと通りの知識が得られる本を紹介する．日本の自然保護の歴史と，国際的な自然保護の動向を知るには，石川徹也『日本の自然保護』と吉田正人『自然保護』を読むとよい．養老孟司『いちばん大事なこと』は，自然保護における「手入れ」の思想を打ち出している．生物多様性については，及川敬貴『生物多様性というロジック』を読むと，相当な理解が得られるだろう．バンダナ・シバ『バイオパイラシー』は先進国による途上国の遺伝資源の収奪という問題を扱っている．

【Part 8 諸学のなかの環境倫理】では，生命倫理学，応用倫理学，地理学，政治哲学，現代社会学の文献のなかで展開されている，環境倫理の議論を紹介する．『生命倫理百科事典』は，「環境倫理」の項目の総論の部分をキャリコットが執筆しており，彼の立場が反映された解説になっている．加藤尚武編集代表『応用倫理学事典』には，「環境倫理」の章があり，39のキーワードが解説されている．伊藤修一ほか編『役に立つ地理学』には，環境倫理学の立場から地理学への期待と要望を綴った章がある．小林正弥，菊池理夫編『コミュニタリアニズムのフロンティア』では，政治理論家デシャリットによる環境倫理・世代間倫理の議論が紹介されている．江戸川大学現代社会学科編『［気づき］の現代社会学Ⅱ』には，生物多様性保全に関する普及啓発のガイドブックであるCEPAツールキットの内容と，それを適用した環境教育の実践を綴った章がある．

Part 1
現代倫理学の射程

『現代倫理学入門』

加藤尚武
講談社学術文庫，1997年

▼初学者が現代倫理学について知るための最初の1冊

　加藤尚武は，日本のヘーゲル研究の第一人者であり，哲学・倫理学の全般にわたって深い造詣がある．また，1980年代に日本にアメリカの応用倫理学を本格的に導入した人としても知られる．

　本書は加藤が書いた現代倫理学の入門書であり，応用倫理学で取り上げられる論点も含まれている．登場する哲学者は多岐にわたるが，最重要人物はカントとJ.S.ミルである．それぞれ「義務論」と「功利主義」の代表者である．

　最初に注意しておくと，本書では功利主義のほうが義務論よりも重視されている．加藤は，現代の社会倫理を，①世俗性，②市場経済，③多数決原理を背景とした「功利主義的，自由主義的，民主主義的性格」を持つものと規定する．そして，このような現代の倫理に最も近い古典をミルの『自由論』として，カントの倫理学を「近代の夜明け前の思想」と位置づける．

　しかし，加藤は功利主義が現代の倫理問題をすべて解決できるとは考えていない．本書でも功利主義の欠陥がたくさん指摘されている．しかし加藤は「欠点だらけの功利主義的自由主義にしか倫理学に未来はない」と述べて，功利主義を軸に議論を進めていく (3-9)．

　このような位置づけはあくまで加藤の考えによるものである．義務論を重視した入門書はいくらでもある．ここでは新田孝彦『入門講義　倫理学の視座』（世界思想社）を挙げておく．

　ここからは章ごとに内容を紹介する．第1章では，「人を助けるために嘘をつくことは許されるか」という問いを通じて，カントの基本的な思想が紹介されるとともに，価値の比較可能性という問題が提起される．

　第2章では，「10人の命を救うために1人の人を殺すことは許されるか」という形で，功利性の原理と人間の尊厳とが衝突することが明らかにされる．

　第3章は資源の分配がテーマである．ここでは功利主義の最大多数の原理と平

等の原理とが衝突することが示される．

第4章では，最低線の倫理（ベンサム）と最高線の倫理（カント）が比較され，加藤はエゴイズムを認めたうえでその限度を定める最低線の倫理に軍配を上げる．

第5章では，功利主義の難点が挙げられ，それを克服するために編み出された「規則功利主義」であっても，幸福計算については依然として問題が残るという議論がなされる．

第6章では，生命倫理学で問題になる「人格」と「対応能力」についての議論が紹介される．

第7章では，「である」（事実）から「べき」（規範）を導き出すことは「自然主義的誤謬」であるという議論が本当かどうかが検討される．

第8章は，カントの定言命法がテーマである．倫理学において形式主義が可能かどうかが問われる．

第9章では，黄金律や互酬性の倫理から，現代の「普遍化可能性」の問題までが論じられる．

第10章は，囚人のジレンマとアローの不可能性定理の検討である．

本書の中心は第11章である．ここで加藤はミルの自由主義を5点にまとめて紹介している．「①判断力のある大人なら，②自分の生命，身体，財産にかんして，③他人に危害を及ぼさない限り，④たとえその決定が当人にとって不利益なことでも，⑤自己決定の権限をもつ」(167)．加藤は『応用倫理学のすすめ』（丸善）でこの原則に照らしてさまざまな倫理問題を読み解いているが，本書ではこの5項目のすべてに難点があることが記されている．また『環境倫理学のすすめ』では，空間の有限性を前提とすると，すべての行為が③の他者危害の可能性をもってしまう，という難問について論じている．

第12章では，カントの完全義務（やらなければならない）と不完全義務（できればやったほうがいい）の区別が紹介される．ここでは何が完全義務で何が不完全義務なのかが問題となる．

第13章は「世代間倫理」，第14章は道徳の「相対主義」，第15章は「科学技術倫理」がテーマである．これらは応用倫理学の問題領域である．

このように，本書は入りやすい話題から現代倫理学のテーマを網羅的に学ぶことができる．倫理学を学びたい人が最初に手に取るべき本は，間違いなく本書である．

『現代倫理学の冒険』

川本隆史
創文社，1995年

▼ロールズを中心とする現代の「正義論」の諸理論を明快に解説

　現代倫理学の大きなテーマは「正義論」である．ここでの正義とは主に「分配」の公正さを表している．どのような分配が正しいのか．結果の平等か機会の平等か．福祉国家か自由放任か．「平等な尊重」の中で個人や共同体の属性はどう扱われるべきか．これらに関心のある人は，本書を手に正義論の世界に飛び込むとよいだろう．

　本書の第一部では，現代の正義論に関する見取図が描かれる．功利主義に始まり，リベラリズム，リバタリアニズム，共同体論，フェミニズムを経て，アマルティア・センに至るまでを流れるように説明しているので，順を追って読んでいく必要がある．川本は，第一部の「まとめに代えて」(94-95) の中で，1本しかない竹製の笛を誰に渡すべきか，というたとえ話を使って六つの立場を説明している．この部分を先に読んだほうが，全体が理解しやすいかもしれない．また読了後にこの部分が腑に落ちたならば，第一部の内容が理解できたことになる．

　第二部では応用倫理学の議論が紹介されるが，こちらは各論の性格が強いので，興味のあるところから読んでいくとよいだろう．

　川本はロールズを中心とするリベラリズムの擁護者である．2010年には長らく待望されていたロールズ『正義論』の新訳を刊行した（紀伊國屋書店）．本書でも記述の中心はロールズの理論にある．

　ロールズは功利主義批判（個人の複数性を無視，分配原理がない，欲求充足の質を無視）から出発する．そして有名な「無知のヴェール」から「正義の二原理」が導出され，その中で「格差原理」が表明される．すなわち，各人が自分の利害をまったく知らない状態におかれたときに合意される原理は，基本的な自由に対する平等な権利を与えるという「第一原理」と，不平等は①公正な機会均等と，②最も不遇な人びとの利益の最大化を図ることによって調整されるという「第二

原理」であるという．この②が「格差原理」と呼ばれ，所得の再分配と市場への介入がこれによって正当化される．

　このロールズの議論を受けて，それを「平等」の方向に徹底化した人がドゥオーキンであり，逆に個人の権利と「最小国家」を擁護して所得再分配を批判したのがノージックである．

　やがて，この再分配政策を軸にした論争とは別の角度からのロールズ批判者が現れる．それは，ロールズの議論が抽象的な原子論的個人から始まっており，共同体や伝統の影響が捨象されていることを批判した共同体論である．同様にロールズの正義原理に代わるケアの倫理を主張したのがフェミニズムである．このような込み入った論争を経て，川本が「現代正義論の最良の達成」と評価するのが，人間の基本的潜在能力の平等を追求するセンの理論である．

◇

　このように，川本はロールズ＝センの立場を擁護しており，リバタリアニズムと共同体論については批判的に見ている．ただし，共同体論の中のマイケル・ウォルツァーの理論に関しては，ロールズの分配的正義論を補完するものと捉え，肯定的に評価している．

　ウォルツァー理論にはポイントが二つある．一つは解釈という方法論である．『解釈としての社会批判』（筑摩書房）の

中で，彼は道徳哲学の三つの道として，①普遍的な道徳基準を「発見」する道（自然法など），②道徳を人間が「発明」する道（功利主義など），③日常生活に現存する道徳基準を「解釈」する道を挙げ，解釈の道を擁護する．有効な社会批判は，外から規範を持ってくるのではなく，その社会の規範を解釈することによって可能になると彼は言う．

　もう一つのポイントは，川本が評価する分配的正義論である．ウォルツァーは，『正義の領分』（而立書房）の中で，"分配の基準は，財ごとに異なるべきで，その基準は共同体の人々がそれぞれの財に付与している社会的意味によって設定される．その基準の正しさは，その基準が破られた場合に人々が不満を表明することから証明される"と主張する．この理論は宇沢弘文の『社会的共通資本』（岩波書店）やジェイコブズの『市場の倫理統治の倫理』（筑摩書房）と関連づけて理解することができる．

◇

　社会科学を学ぶ人は現代正義論を知っておいたほうがよい．本書『現代倫理学の冒険』は，そのための最良の参考書である．

『教養としての応用倫理学』

浅見昇吾，盛永審一郎編
丸善出版，2013年

▼ 「応用倫理学」のテーマを幅広く解説した事典的な本

　本書は，応用倫理学のさまざまなテーマを23人の研究者が分担して解説した本である．各項目を2ページで説明する形式は，同じ丸善から刊行された『応用倫理学事典』に非常によく似ている．したがって本書は小さな事典のような印象を受けるし，実際に，必要なときに必要な項目だけを独立して読むということができる．つまり事典として用いることができる．

　その一方で，本書は事典とは異なり，「読み物」としての性格をもっている．200頁という分量が通読と完読を可能にしている．また編者は前から順番通り読まれることを想定して編集している．

　「全体の構成は，情報倫理の問題にはじまり，医療情報，生命倫理などを経て，グローバリゼーションや合意形成の問題に至るようになっている．このような順序でなければならない理由はないが，情報を得て個別的な主体が何かを自律的に判断していく際に，比較的身近なことに関する判断から大きな領域のものへの判断へ進んでいくイメージで構成している」(まえがき)．

　具体的に本書の流れを見ていこう．序章は，二人の編者による応用倫理学の原論である．応用倫理学の定義から，四つの倫理原則（与益，無加害，自律，正義）や反照的均衡という概念の紹介までがなされる．これらの部分の情報の圧縮度は凄まじく，この数ページを読んだだけで現代の倫理学の基本的な考え方を知ることができる．

　以下，第1章の「情報倫理」から始まり，第2章では「医療情報」の問題を通じて生命倫理へとつながる．第3章の「生命倫理と自己決定権」，第4章の「市場社会と生命倫理」，第5章の「性と愛と家族の倫理」と，生命倫理の話題が続いた後に，第6章で「技術倫理」に移る．第7章の「動物倫理」と「脳神経倫理」を経て，第8章では「グローバル化とビジネス倫理」という問題の空間的規模の拡大が見られる．そして第9章の「自由

主義と環境倫理」，第10章の「民主主義と合意形成」に関する世界規模の話に至って終幕となる．

全体の流れを見ると，確かに身近な問題から大きな話題へというストーリーがあることが分かる．ここで気になるのは，①環境倫理の分量が相対的に少ないことと，②環境倫理が身近な話題としてではなく大きな話題として位置づけられている点である．①に関しては，『応用倫理学事典』の「環境倫理」の章で，39の項目の解説がなされているので，そちらを参照すればよいだろう．②に関しては，吉永明弘『都市の環境倫理』を参照して，環境倫理が身近なものでもあることに気づいてほしい．

逆に，本書で特筆すべきは，第9章「自由主義と環境倫理」の項目の中に「戦争と暴力」，「戦争と環境」が含まれていることである．通常は「環境倫理」と「戦争倫理」として別個に論じられているが，戦争は大きな環境破壊を引き起こすので，環境倫理の中で戦争がテーマ化されているのは評価に値する．

最後に，「まえがき」によれば，本書のタイトルにある「教養」には，「大学生に教科書として利用してもらいたい」という意図があるが，それだけではなく，「応用倫理についての見取り図，応用倫理の基本的な考え方，応用倫理の目指す方向は，現代社会を生きていくために誰もが身につけておかねばならないものになるだろう」という考えに基づいている．応用倫理学は哲学・倫理学者の専売特許ではなく，すべての現代人のための学問なのである．

近年では，応用倫理学を一般に普及するための工夫が見られる．児玉聡＋なつたか『マンガで学ぶ生命倫理』と伊勢田哲治＋なつたか『マンガで学ぶ動物倫理』（どちらも化学同人）はその好例である．読者はマンガの主人公たちと一緒に，いつの間にか倫理問題を考えていくことになるだろう．

環境倫理はこのシリーズにはないが，松田毅・竹宮惠子監修『石の綿』（かもがわ出版）がローカルな環境倫理についてのマンガといえる．これは神戸大学人文学研究科倫理創成プロジェクトのメンバーが，アスベスト問題を丁寧に調査して脚本を書き，それを京都精華大学機能マンガ研究プロジェクトのメンバーが作画したものである．多くの人に読んでもらいたい内容である．

『技術者倫理の世界 第3版』

藤本温編著, 川下智幸, 下野次男, 南部幸久, 福田孝之共著
森北出版, 2013年

▼哲学専攻以外の人のための「倫理学」と「倫理」の教科書

　哲学科以外の人に, 現在の倫理学の研究内容を伝えるのは骨が折れる. というのも, 「倫理」というと, 「心がけを良くしろ」とお説教を垂れるものであり, 倫理学はそのようなお説教についての勉強というイメージがあるからである.

　現代の倫理学者からすると, このようなイメージは噴飯ものである. 倫理学の実態に即していないからである. では倫理学とはどういう学問なのかを説明せよと言われると, 口ごもることになる.

　そんなときに, 本書『技術者倫理の世界』の第1版（2002年）を読んで驚いた. そこには, 現在の倫理学がどんなことを研究しているか, そしてここで対象となっている「倫理」とは何かが, 驚くほど簡明に書かれていたのである. この本を読むと, 倫理学はお説教の学問とはとらえられなくなる. むしろそれは, 現代の複雑な技術社会を正しく生き抜くための工夫を探求する学問とさえいえる.

　例えば第2章「倫理と法」では, こんなテーゼが大々的に記されている.

　「技術者倫理は悪人の更生を目指しているのではない」.

　「倫理学は悪人を善人にするノウハウではない」.

　「「倫理」とは個人的意見ではない. それは共同体ないし社会における価値を反映する」.

　そのうえで, 法と倫理との関係についての実に明晰な説明があり, 法律とは別に, 「倫理綱領」をつくる意義が説明される.

　それは, 外からの余計なお節介で研究の自由を制約するものではない. むしろそれは, ①自律的な行動規範によってプロ意識を高める, ②「社会に対する責任」を果たす, ③専門職としてどう行動すべきかについて「助言」し, 良心的な専門家を保護する, ④新たに専門職に加わった人に対する指針（ガイドライン）となる, ⑤緩いガイドラインを設定し, 個々のケースに対しては各人の判断にゆだねる, といった, 研究者に対する有用

なサポートになるものである.

そしてそこには,倫理規定・綱領は「倫理を強制する」のではなく,「倫理を推進する」ものだ,と書かれている.この考えをさらに進めれば,倫理綱領は便利なマニュアルであり,問題が起こったときに独りで悩まなくても済むようになるので,作ったほうが研究を進めるうえでも有利ということになろう.

この本は技術者倫理の教科書だが,技術者倫理を学ぶ人や,教える人以外にも広く読まれてよい本である.規範倫理学の三つの理論(功利主義,義務倫理学,徳倫理学)や,異文化間での倫理の差異なども取りあげられており,倫理学一般の入門書としても申し分のない内容になっている.

しかし,第2版(2006年)になると,その内容が激変してしまった.新しい情報に更新されただけでなく,ここで取りあげたような倫理学本体の面白い話がほとんどなくなってしまった.第2版の枠組は第3版に引き継がれているので,結果的に第1版だけが異質な本になっている.

とはいえ本書(第3版)は,技術者倫理を学ぶ上でたいへん優れた本である.技術者倫理の基本的なテーマが網羅的に扱われ,解説も分かりやすいからである.

例えば,「安全工学」の基本的な用語である「フール・プルーフ」(作業員が誤作動をしても大丈夫なように設計されていること)や,「フェイル・セーフ」(機械が壊れても安全装置が働くように設計されていること)の説明も明快であり,リスク論,費用便益分析,製造物責任法,線引き問題,組織の集団思考といった基本的な事項についても行き届いた説明がなされている.

第8章で取りあげられる「内部告発」は,情報倫理やビジネス倫理のテーマでもある.日本における内部告発の事例を紹介した本としては,桐山圭一『内部告発が社会を変える』(岩波書店)があり,コンパクトでとても良い本だが,内部告発者の英雄的行為が印象に残りすぎるきらいがある.本当は内部告発を行わなければならない状況に陥ることが問題なのである.技術者倫理では,技術者に内部告発を推奨するのではなく,内部告発に至る前に,企業内で問題解決ができる仕組みをつくることに力点が置かれている.本書はそのこともきちんと伝えている.

『人文・社会科学のための研究倫理ガイドブック』

眞嶋俊造，奥田太郎，河野哲也編著
慶應義塾大学出版会，2015年

▼応用倫理学の最新テーマは研究者自身に向けられている

　応用倫理学のテーマは生命倫理・環境倫理・情報倫理が中心であったが，近年では技術者倫理，動物倫理，研究倫理というテーマが活況を呈している．

　従来から「研究不正」については国内外で問題視されてきたが，日本では2014年のSTAP細胞事件をきっかけに大きく取りあげられるようになった．2015年からは，日本学術振興会の科学研究費を申請する際には研究倫理のテキストを読むことが義務づけられている．

　そこで「研究不正」とされているのは，捏造（Fabrication），改ざん（Falsification），盗用（Plagiarism）の問題であり，三つの頭文字をとってFFPと呼ばれている．その対極にあるのが「誠実な研究活動」であるが，その間には大きなグレーゾーンがあり，それは「好ましくない研究行為」（QRP：questionable research practice）と呼ばれている．研究倫理を「研究不正」の防止という観点から見るならば，このあたりが主要なトピックとなるだろう．

◇

　本書は「研究倫理ガイドブック」と銘打たれているので，FFPやQRPに気をつけるためのマニュアルと思って手に取ると，それ以外にも豊富なテーマが扱われており，内容の多彩さに驚くことになる．

　序章（眞嶋俊造）は，本書の導入部分という位置づけだが，独立した論考としても読める．

　第1章（神崎宣次）では，資料の収集に関する倫理問題が論じられる．具体的には研究者による資料の持ち去りや，現地調査の場での研究者の行きすぎた行動（被災地での過剰なアンケートなど）が問題視される．

　第2章（金光秀和）では，高度科学技術社会における研究不正の影響，不正行為を誘う社会環境，CUDOSという理想とPLACEという現実の乖離，不正行為（FFP）／責任ある研究活動（RCR）／好ましくない研究活動（QRP）の区別といった，基本的な議論の枠組が要領よくまとめられている．

第3章（土屋敦）では，研究不正に関して，FFPに加えて，オーサーシップ問題と二重投稿，研究費の流用が論じられる．研究不正の背景には若手研究者の就職問題があるという指摘は面白い．

第4章（新田孝彦）では，研究環境に関わる倫理問題が，管理職（トップマネージメント）と指導教員（ミドルマネージメント）としての研究者の立場から論じられる．ここでは組織倫理・企業倫理の枠組が援用される．

第5章（河野哲也）では，第一に，学会ジェンダー問題として，『人工知能』の表紙に描かれたイラストの問題性が分析される．第二に，イラク戦争や3.11などの時事問題に対する研究者の情報発信のあり方が論じられる．第三に，脳ブームにおける科学の過剰な通俗化と不適切な一般化を例にして，研究者間の相互批判・相互チェックの必要性が語られる．

第6章（奥田太郎）では，文部科学省が2014年8月26日に公表した研究不正ガイドラインの内容が，専門調査員の総評やパブリックコメントをふまえて分析される．

以上が各章の内容だが，本書ではこれら以外に，たくさんのコラムが収録されている．これらのコラムは単なる付録ではなく，味読すべき内容が詰まっている．「研究方法別column」では，文献研究，インタビュー調査，フィールドワーク，アクションリサーチ，社会調査，実験のそれぞれに倫理問題があることを知ることができる．「分野別column」では，ジェンダー，非民主主義体制の地域の研究，経済学を用いた政策提言，ジャーナリズムによる二次被害，法学における研究倫理が扱われる．それぞれについて，当事者である執筆者の切なる声が聞こえてきて身が切られる思いがする．

最後に，本書の特徴として，①研究不正を単に研究者の心の問題と捉えるのではなく，研究不正を生み出す土壌となっている社会環境に論及している点や，②各章が執筆者によるこれまでの応用倫理研究の蓄積によって下支えされている点を挙げておきたい．

研究者は本書の事例を読んでドキドキし，わが身を振りかえって考えることだろう．他方，研究者以外の人は，倫理学者が自分を含む研究者自身をテーマにして倫理問題を考えていることを知るだろう．また倫理学は他人に対するお説教ではなく，自己言及的な学問であることが分かるだろう．

Part 2
欧米の環境倫理

『野生のうたが聞こえる』

アルド・レオポルド
講談社学術文庫,1997年

▼さまざまな解釈がなされてきた「環境保護運動のバイブル」

　本書は1949年にアメリカで刊行された．当時は今ほど有名な本でもなかったが，1970年代に，環境倫理学の実質的な創始者であるキャリコットによって「環境保護運動のバイブル」として再評価され，著者のアルド・レオポルドは「環境倫理学の祖」と呼ばれるようになった．それ以降，本書はさまざまな立場から多様に解釈されてきた．

　本書は三部構成をとる．第Ⅰ部はいわゆるネイチャーライティング，第Ⅱ部は自然保護にまつわるエピソードを綴ったエッセイ集，第Ⅲ部は自然保護に関する意見を表明したものである．

　環境倫理学でもっぱら引用されるのは，第Ⅲ部に収録されている「土地倫理」(Land Ethic) である．このエッセイをキャリコットが環境倫理学の基礎に据えたからである．特に以下の３点がポイントとなる．①「土地倫理とは，要するに，この共同体という概念の枠を，土壌，水，植物，動物，つまりはこれらを総称した「土地」にまで拡大した場合の倫理をさす」(318)．②「要するに，土地倫理は，ヒトという種の役割を，土地という共同体の征服者から，単なる一構成員，一市民へと変えるのである」(319)．③「物事は，生物共同体の全体性，安定性，美観を保つものであれば妥当だし，そうでない場合は間違っているのだ」(349)．

　キャリコットは，「土地倫理」が個々の生物ではなく集合的な「土地」や「生物共同体」に焦点を合わせていることを評価し，環境倫理学はこのような「人間非中心主義」で「全体論」の視点を持たなければならないと説いた．

　それに対して，のちにブライアン・ノートンが，レオポルドの立場を「長い射程をもった人間中心主義」として再解釈し（『環境プラグマティズム』第５章，翻訳準備中），日本でも加藤尚武が，生態系の人為的な管理という視点からレオポルドの思想を理解している（『環境倫理学のすすめ』第12章）．

　近年ではキャリコットも，レオポルド

Part 2　欧米の環境倫理

を北米原生自然保存運動の祖であると同時に，鳥獣管理学（のちの保全生物学），復元生態学，生態系管理林学の祖として評価するようになっている（ジョイ・A・パルマー編『環境の思想家たち 下 現代編』みすず書房）．本書を通読すると，このような評価のほうが妥当だと思える．実際に，本書に書かれている考え方をストレートに受け継いで発展させているのは保全生物学者であろう．

「土地倫理」だけでなく，他のエッセイについても論争がある．第Ⅱ部に収録されている「山の身になって考える」というエッセイには，著者がライフル銃でオオカミを撃った後，死にゆく母オオカミの目から緑色の炎が消えゆく様子を見て，「あのオオカミと山にしか分からないものが宿っている」と感じ，オオカミを全滅させればシカの数が増えてハンターの天国になるという考え方には「オオカミも山も賛成しないことを悟った」というくだりがある（206）．

開龍美は，多くの論者がここに宗教的な「回心」を見ているという．このときレオポルドは全体論的な人間非中心主義に目覚めたというわけである（回心の物語）．しかし開は，それではレオポルドが一貫してもっていた思想が見落とされてしまうと批判する．開によれば，レオポルドの思想は生態学的良心に基づく管理術の思想だという（開龍美「管理術としての土地倫理」『Artes Liberales』No.81）．

この評価は納得できるものである．きちんと通読すると，レオポルドは，自然の内在的価値や全体論を説いているというよりも，生態系の賢明な利用を求め，自然のレクリエーションとしての価値に注目していることが分かる．

また，環境倫理学の議論をひと通りおさえた後で本書を読むと，次のような記述にはっとさせられる．

「原生自然の保護はすべて自滅の道をたどる．原生自然を大切に守るには，まず実情を目で見，手塩にかけて慈しむ必要がある．ところが，充分に目で見，手塩にかけて慈しんだら最後，もう大切に育てるべき原生自然は残っていないのだ」（163）．

「ひとつの種がほかの種の死滅を悼むということは，天地開闢以来の新たな出来事である．（中略）この事実にこそ，（中略）人間がほかの動物よりも優れているという客観的な証拠が存在する」（177）．

19

第Ⅰ部　環境倫理学の枠組みを知るための50冊

『自然の権利　環境倫理の文明史』

ロデリック・F・ナッシュ
ちくま学芸文庫，1999年

▼環境倫理思想の人物事典として手元に置きたい1冊

　事典のような本である．『自然の権利』というタイトルは本書の実態にそぐわない．むしろサブタイトルの「環境倫理の文明史」のほうがふさわしい．

　本書の著者ナッシュは，アメリカの著名な歴史学者である．序章でナッシュは，アメリカの枠組を破壊しようとする急進的環境主義者に反対し，「権利の拡大」という考え方によって，アメリカの自由主義の枠内で環境主義を実行できると主張する．本書のメインテーマは「権利の拡大」の歴史をつづることである．

　本書には，加藤尚武が紹介したことで有名になった図がある．そこには，イギリス貴族の権利（マグナ・カルタ），アメリカ入植者の権利（独立宣言），奴隷解放，女性の権利，アメリカ先住民の権利，労働者の権利，黒人の公民権というふうに，権利が次第に拡大していったことが分かりやすく描かれている (36)．自然の権利なんて非常識だと言う人に対して，ナッシュは，奴隷や先住民の権利もその当時は不信感にさいなまれていたと応じている．

　第1章では，ヨーロッパの自然権思想や自然法思想から説き起こし，歴史上，動物の保護や動物虐待に対する批判を行った論者を拾い上げていく（例えばジョン・ロック）．イギリスでは，19世紀に入ると，ベンサムの功利主義の影響などから動物保護の動きは加速する．動物愛護協会が誕生し，イギリス動物虐待防止法が成立する．その流れは，19世紀末のヘンリー・ソールトの『動物の権利』によって頂点に達する．

　第2章では，アメリカの環境主義の歴史が記述される．20世紀後半までアメリカで「自然の権利」に注目が集まらなかった理由として，ナッシュは，原生自然，人権への関心，国立公園制度の存在を挙げている．その中でソロー，マーシュ，ミューアといったアメリカを代表する自然保護論者の主張が紹介される．

Part 2　欧米の環境倫理

◇

　第3章では，「生態学」に光が当てられる．ヘッケル，クレメンツ，エルトン，タンズレーといった人たちによって，生態学の概念が整備されていった経緯が描かれている．この部分は初期の生態学の歴史をおさらいするのに便利である．

　続いてシュヴァイツァーやレオポルド，カーソン，E.O.ウィルソンらの主張が略述される．ここで興味深いのは，カーソンが，政治に影響を与えるため，敢えて動物の権利にはふれず，殺虫剤が人間の健康を脅かすという点を前面に出したという指摘である（203）．ここに「環境プラグマティズム」のような「戦略」を見て取ることもできるだろう．

◇

　第4章は，「宗教の緑化」と銘打たれた環境倫理思想史となっている．リン・ホワイト Jr. によるキリスト教批判から始まって，スチュワードシップ（神の信託管理人思想）の意義を唱えた論者たち，ラウダーミルクの「十一戒」の提唱，ジョン・B・コップ Jr. の「新しいキリスト教」などが紹介され，アメリカ先住民の思想や東洋思想（鈴木大拙など），ニューサイエンス（カプラ）にも光が当てられる．

◇

　第5章では「哲学の緑化」が語られる．ここでは「自然の権利」というテーマが真正面から論じられる．法学者ストーンの自然の権利訴訟に関する論文と，それに対する哲学者からの批判が紹介される．またシンガーの「動物の解放」を中心に，いわゆる動物の権利論の代表例が紹介される．加えてディープ・エコロジーの提唱者アルネ・ネスや，全体論的環境倫理学を唱えたキャリコット，ガイア仮説を提唱したラブロックらの主張が手際よく解説される．

◇

　第6章では，ブックチンに代表される社会派の環境思想家が次々に紹介される．あわせて，自然保護の法津が整備されていったことや，グリーンピースなどの直接行動のようすについて記される．

◇

　ナッシュの主張は，歴史的に権利は拡大していったので，「自然の権利」も認められうる，ということに尽きる．しかし，本書はその本筋を超えて，環境倫理に関する人物事典のような様相を呈している．手元に置いて必要なときに必要な部分を参照するという使い方もできる本である．

21

『自然に対する人間の責任』

ジョン・パスモア
岩波書店，1979年

▼スチュワード精神によって「弱い人間中心主義」を擁護

ジョン・パスモアは，現代アメリカの著名な分析哲学者であるが，彼の名は本書によって環境倫理学の歴史にも刻まれることになった．なにしろ本書は哲学者が環境倫理学について書いた最初の本なのである．今ではそこから何か新しい知見を得るというよりも，初期のアメリカの議論を知るために読まれる本となっている．

第一部では，思想の伝統が問題にされる．

第1章では，リン・ホワイトJr.の議論をふまえて，西欧の思想史が語られる．ヘブライズムとヘレニズム（特にストア主義の影響）から，ベーコンとデカルトによる近代の開始，資本主義と社会主義に至るまでの概略が述べられる．

第2章では，自然を神秘主義的にとらえ，人間は自然を変容してはならないという主張が退けられる．そうではなく，人間は「スチュワード精神」(stewardship)にのっとり，実り豊かな自然を子孫に残す義務があると主張される．また自然はそれ自体では未完成なものであり，人間は「自然を完成する」ための協力者になるとされる．

この「スチュワード精神」によって自然保護を基礎づけているところが，本書の最大の特徴である（stewardshipの訳としては，『自然の権利』の訳書にある「神の信託管理人思想」が適切と思われる）．

第二部では，生態学的問題が論じられる．第3章は汚染（pollution），第4章は保全（conservation），第5章は保存（preservation），第6章は繁殖（人口問題）がテーマとなる．

重要なのは，ここで「保全」と「保存」が区別されていることである．パスモアは「天然資源の節約」というテーマを「保全」とし，「原野と生物種の保存」というテーマを「保存」と呼んでいる．これが環境倫理学での「保全派vs保存派」の一つの源流となっている．

その後の環境倫理学では「保全」は「人間のために自然を守る」という立場を指し,「保存」は「自然のために自然を守る」という立場を指すようになった.

ややこしいのは,これが保全生物学の定義とずれている点である.吉田正人『自然保護　その生態学と社会学』によれば,保全生物学では,「保全」は「人が手を入れて自然を守る」という手法を指し（C型）,「保存」は「人が手を入れずに自然を守る」という手法を指す（P型）.ここに第三の手法として「自然再生（復元）restoration」が加わる（R型）.現在ではこの区分のほうが有名であり,また実践的にも重要なものとなっている.

したがって残念ながら,パスモアの保全と保存の区分は現在ではあまり参照されていない.むしろ言葉よりも内容を見ると,第4章,第5章,第6章が,それぞれ加藤尚武のいう「世代間倫理」,「自然の生存権」,「地球全体主義」に対応しているのが興味深い.

第三部では,伝統の再考と銘打って,西欧の従来の価値観が擁護される.パスモアによれば,哲学とは「地面をすこし掃除して,真知にいたる途上の〈ごみ〉をいくらかでも取り除く下働きをすること」にある（ジョン・ロック『人間知性論』第一巻にこの考えがあるという）

(302).そこから,西欧神秘主義とか,自然の神聖性とか,新しい道徳原理といったものは,ごみ（にも等しい考え）なので取り除き,西欧民主主義と科学としての生態学をふまえた新しい行動様式によって,環境問題に取り組むべきだと主張する.

最後にパスモアは,もともとキリスト教の伝統であった「スチュワード精神」は,近代西欧に特有の精神と結びつくことができるとして,次のように述べている.「人間は改良の連鎖の一部を形成すること,人間は次代に対する責任を有すること,つまりかれの愛する対象物を保存・発展させようとする企図のなかから出てくる責任を有する」(323).ここには「世代間倫理」の主張が現れている.

このような価値観は,西欧にもともと存在したので,新しい倫理を求めるよりも,西欧の倫理を一層全般的に守り抜くことが重要であると述べて(327),パスモアは本書を締めくくっている.

本書のような主張は当時は保守派からのバックラッシュと見なされたかもしれない.しかし現在ではこれは「弱い人間中心主義」（ノートン）の立場として,広く受け入れられている.

『ディープ・エコロジー』

アラン・ドレングソン，井上有一共編
昭和堂，2001年

▼1970年代のカウンターカルチャーを後押しした環境思想

「ディープ・エコロジー」は1970年代から1980年代の欧米に大きなうねりをもたらした環境思想・運動である．そこには当時のカウンターカルチャー（対抗文化）の雰囲気が反映されており，逆にこの思想がカウンターカルチャーを後押しした面もある．

本書は井上有一の「序」によってディープ・エコロジーの全体像をつかむことができ，その後で代表的な論者のコンパクトな論文を読むことができる，お得な本である．資料も参考文献も見やすく，丁寧なつくりになっている．以下では本書の構成に従って，ディープ・エコロジーの概略を描いてみたい．

ディープ・エコロジーの提唱者は，ノルウェーの哲学者アルネ・ネスである．ネスは，物質的豊かさの向上のために資源の維持管理を目指す主張を「シャロー・エコロジー」として批判し，長期的視野をもつ「ディープ」な主張を提出した．それは次の7点である．①生命圏の関係論的で全体野的な把握，②生命圏平等主義，③多様性と共生の原理，④反階級制度，⑤環境汚染や資源枯渇に対する闘い，⑥乱雑さとは区別された意味での複雑性，⑦地域自治と分権化（第1章）．

このような網羅的ともいえる主張は，その後のディープ・エコロジー運動の中で，修正を加えられながら繰り返し訴えられていくことになる．

とりわけネスの独自性が現れているのは，「自己実現」論である（第3章）．ワーウィック・フォックスによると，ディープ・エコロジーが普及した理由は，ネスの「自己実現」の思想が共感を呼んだことにある（『トランスパーソナル・エコロジー』平凡社）．

本書の「序」のなかで，井上有一は，これを「拡大自己実現」論と呼んでいる．井上によれば，ネスの主張は「「自己」を狭い「自我」の範囲を大きく超えて拡大するというものであった」（12）．このような自己の拡大は，自らを，他の存在

Part 2 欧米の環境倫理

(個々の生物,身近な森,自分の住む地域,地球生命圏,さらに究極的には宇宙全体)と同一視することによってなされる.

具体的に,ネスは,苦しんでいるノミのなかに自分を見た,という体験を語っている.このような同一化による自己の拡大によって,「エコロジカルな自己」が成立する.ネスによれば「自己実現」とは,「それぞれが固有に持つ可能性を実現すること」なのである(53).

ディープ・エコロジーの思想のなかには,物議をかもしたものもある.それは,ネスとセッションズが提出したディープ・エコロジーの基本原則である「プラットフォーム原則」の中にある,「人口の大幅な減少の必要性」という項目についてである(第4章).この項目はソーシャル・エコロジーやエコ・フェミニズムの論者からの批判の的になった(18).

その後,ネスの著書の英訳者でもあるローゼンバーグによって,さらに議論を喚起するために,新しい「プラットフォーム」が提出されたが,そこには人口の問題は明示的には書かれなかった(第7章).

ディープ・エコロジーの思想は,1980年代に,ビル・ディヴォールとジョージ・セッションズの共著『ディープ・エコロジー』(未邦訳)によって,アメリカでもよく知られるようになった.また,ゲアリー・スナイダー,ピーター・バーグ,カークパトリック・セールらの,バイオリージョナリズム(生命地域主義.自然の境界にそって土地に住みなおすこと reinhabitation を目指す運動)と結びつくなど,もともとロマン主義的な自然保護の思想が強いアメリカ社会に溶け込んでいった(第8章,第9章).

ネスが提唱したディープ・エコロジーは,さまざまな論者に影響を与え,多彩な広がりを見せている.ただ,ディープ・エコロジーは表現上の問題が多く,特に「ディープ」と「シャロー」という対比は不必要に敵をつくっているように思われる.そうではなく,例えば編者の井上有一の言葉を用いて,環境思想・運動は「環境持続性」だけでなく「社会的公正」と「存在の豊かさ」も追求すべきだ,と主張したほうがよいのではないか.この表現ならば多くの人が納得できると思われる.

『生物多様性という名の革命』

デイヴィド・タカーチ
日経BP社，2006年

▼保全生物学者へのインタビューによって「生物多様性」を解説

　本書は，1980年代にアメリカで生まれた「生物多様性」（biodiversity）という概念について，23名の保全生物学者へのインタビューを交えながら，サイエンススタディーズ（科学論）の手法を用いて論評した本である．

　加えて興味深いことに，本書の第5章は，環境倫理学における「自然の価値論」をふまえた分析となっている．本書は，第一にはサイエンススタディーズの本として評価されるだろうが，環境倫理学の文献として位置づけることも十分にできると思われる．

◇

　生物多様性という言葉は，生物多様性条約COP10が名古屋で開催された2010年前後にはメディアにもよく登場していたので，以前よりは市民権を得ているが，依然として「絶滅危惧種」や「外来種」よりもイメージがつかみにくい言葉といえる．「生物多様性の保全」というよりも「自然保護」と言った方が，よほど活動内容を理解してもらえるだろう．しかし，本書を読むと，敢えてこの言葉を用いる理由が分かってくる．

◇

　ここでは本書を，生物多様性という言葉で，何を（what），誰が（who），なぜ（why），どうやって（how）保全するのかという四つの問いに答えようとした本として紹介する．

　第一に，「生物多様性という言葉で何を（what）保全するのか」．これは「生物多様性とは何か」という定義に関する問題である．これは第3章で扱われている．

　第二に，「誰が（who）生物多様性を保全するのか」については，「生物多様性保全の主体は誰か」また「誰が生物多様性保全を唱導しているのか」という形で問われている．第4章では，サイエンススタディーズの観点からこの問題が論じられている．

　第三に，「なぜ（why）生物多様性を保全するのか」．これは「生物多様性が保全されるべきだとしたら，それはどの

ような価値があるからなのか」ということである．第5章で論じられるこのテーマは，これまで環境倫理学が扱ってきたテーマである．

第四に，「どうやって（how）生物多様性を保全するのか」．これは政策論や運動論につながるテーマである．第6章ではコスタリカの事例を用いて具体的に論じられている．

サイエンススタディーズの観点から，タカーチの議論の特徴を挙げると，「構成主義」ということになる．それは，「事実や価値は社会的に構成されたもので，皆がそれを現実と認めたときに現実性を獲得する」という立場を指す．ここから，科学と非科学とは明確に線引きできない，科学は価値中立的ではない，といった主張が導き出される．この立場は，生物多様性という言葉を分析する際には有効であろう．なぜなら生物多様性という言葉は，ある時期に作り出された言葉であり，価値中立的ではなく，社会や政治に密接に結びついているからである．

環境倫理学の観点からすると，本書の第5章は，「自然の価値論」と「環境プラグマティズム」が幸福な結合を果たした章といえる．「環境プラグマティズム」は，これまでのアメリカの環境倫理学が「自然の価値論」に没頭し，現実への応答を果たしてこなかったことへの批判から始まっている．「環境プラグマティズム」からすると「自然の価値論」は過去の遺物のようなものである．しかし「自然の価値論」は，本書のように「環境プラグマティズム」的な構想のなかに組み込まれることで，新たな意味を与えられることになる．

例えば本書では，「バイオフィリアとしての価値」と「変容的価値」が大きく取りあげられているが，これらの説明は，いわゆる「人間中心主義」と「人間非中心主義」の対立図式を超えた，生物多様性保全の動機づけに関わる，実践的かつダイナミックな価値論となっている．

最後に，本書の特典として，「生物多様性」に関する日本の代表的な論客である岸由二の「解説」が掲載されている点を挙げておこう．ここで岸は，biodiversityが「種」の多様性に矮小化されるのではなく，住み場所の多様性（bioregional diversity）でもあるようなイメージが支持されることを願っている．本書は大部なので，全部読むのはしんどいという人でも，この「解説」は読んでほしい．

『生命学への招待』

森岡正博
勁草書房，1988年

▼1980年代の環境倫理学の紹介とともに，「姥捨山問題」を提起

　本書を手に取る人は，生命倫理学に関心のある人か，著者の森岡正博の思想に関心のある人のどちらかであろう．実際，第Ⅱ部・第Ⅲ部はアメリカの生命倫理学の紹介とそれを乗り越える試みである．

　しかし，本書の第Ⅰ部ではアメリカの1980年代の環境倫理学の議論が紹介されている．特にP.W.テイラーの議論は，他の解説書ではあまり詳述されていないので貴重である．

　多くの本では，「動物の権利論」（感覚をもつ個体の権利を擁護）と，「全体論的環境倫理学」（生態系のバランスを重視）から区別される「生命中心主義」（生命をもつすべての個体の保護）を唱えた人物として，テイラーは紹介されている．

　著者は，テイラーの議論を評価しながらもそれを乗り越える形で，独自の主張を打ち出している．

◇

　著者は，アメリカの議論を「環境倫理学」と「生命圏倫理学」とに区分する．

ここでの「環境倫理学」は，人間中心主義的で，現在と将来の人間のために環境保全を求める倫理学とされる．それに対して，「生命圏倫理学」は，人間非中心主義的で，人間以外の生きものや自然それ自体のために環境保全を求める倫理学である．

　そして著者は，「環境倫理学」から「生命圏倫理学」に向かうことを主張するのだが，「生命圏倫理学」では人間の利益と生命圏の価値が衝突するという問題が生じる．その調整をどうするか．ここでテイラーが登場する．

◇

　テイラーは人間の利益と野生の動植物の利益が衝突した場合に，五つの原理を用いて調整することを提案する．まず野生の動植物が人間に危害を与える場合には①「自己防衛の原理」によって，動植物の撃退が許される．次に，人間に危害を与えない動植物の利益と，人間の基本的でない利益（スポーツとしての狩り）が衝突した場合には，②「比例の原理」

Part 2　欧米の環境倫理

によって動植物の利益が優先される（狩りは禁止）．第三に，動植物の利益と，人間の基本的でない利益（しかし自然に対する尊敬と両立し，人間にとっての利益が非常に重要な場合）が衝突した場合は，③「最小悪の原理」によって，最も罪の少ない方法で行う（空港建設など）．第四に，基本的な利益どうしが衝突した場合には，④「配分的正義の原理」によって利益の公平な配分を探る．手落ちがあった場合には，⑤「回復的正義の原理」による修復がなされる（35-37）．

◇

以上の議論を，著者は当時の環境倫理学の「到達点」として評価する．その一方で，第二章では，自らの手によって生命圏倫理学の議論を根底からやり直している．

しかし後年になり，著者は自らが構築した第二章の議論に不満を感じ，本書を絶版にしようとさえ考える（268）．現在の著者の立場は，本書執筆時とは異なるようだ．

第二章は「生命圏の原理」と「他者の原理」を軸にした立論であり，考え抜かれてはいるが，結局はアメリカの人間対自然の二項対立に立脚したものであることが分かる．先ほどのテイラーの議論は，人間対自然の議論の典型である．「環境倫理学」から「生命圏倫理学」へという著者のねらいも，実は当時のアメリカの主流派の環境倫理学者の主張そのものである．

近年の環境倫理学では，逆に「弱い人間中心主義」の主張が妥当なものとして評価されてきており，人間中心主義的な将来世代のための環境保全を求める立場を「環境倫理学」とした著者の定義は一周回って適切な定義になっている．

現在の環境倫理学の動向をふまえて考えると，むしろ第十章「姥捨山問題」の議論が重要と考える．

ハーディンの「救命ボートの倫理」という議論がある．これは，定員6人で満員になっている救命ボートに7番目の人間が泳ぎ着き，彼を乗せるとボートが沈没するが，そのとき乗員はどうするべきか，という極限状況における倫理を問うたものである．ハーディンは見捨てるべきという答を出して物議をかもしたが，森岡は，定員6人で5人が乗っている救命ボートに6番目の人間が泳ぎ着いたとき，まだ1人乗れるのに，現状が悪化するのを嫌がって，乗員は6番目の人の乗船を拒否し，そのことを後まで悔やみ続けるという状況を描いた．ハーディンのモデルよりも，こちらのほうが，環境倫理学のモデルとして適切だと思う．

『アメリカの環境保護運動』

岡島成行
岩波新書，1990年

▼アメリカの環境保護運動の歴史をわかりやすく描いた本

　岡島成行は，もと読売新聞の記者であり，朝日新聞の石弘之，毎日新聞の原剛とならぶ，有名な環境記者であった．その後，大妻女子大学で環境教育を教え，日本環境教育フォーラムの理事長を務めるなど，環境教育の分野で活躍してきた．

　本書はやや古いが，アメリカの環境保護運動の歴史を知る上で，今でもたいへん有益な本である．

　「環境保護運動」といっても，1970年代以前の運動は「自然保護運動」であった．本書の第2章から第5章では，アメリカの自然保護運動の歴史が語られる．

　そこでは，エマソン，ソロー，ミューア，ピンショー，レオポルドといった環境倫理学でも重要な思想家が登場する．鬼頭秀一『自然保護を問いなおす』の記述に重なる部分もある．重要なのは，そういった思想家と並んで，シエラ・クラブの会長で「自然保護の守護神」(108)と言われたデイビッド・ブラウアーや，ウィルダネス協会の理事で，「戦後のア

メリカ自然保護上最も活躍した一人」(134)と評されるハワード・ザニサーという著名な運動家の業績が紹介されている点である．

　本書の記述を参考に，アメリカの自然保護運動の思想的背景をまとめてみよう．

　産業革命後の西洋社会に，自然に対する「ロマン主義」的な見方が登場し，その影響はアメリカにも及んだ．そしてアメリカでは，大陸横断鉄道の敷設によって，広大な原生自然（wilderness）に対する新しい感覚が生まれた．エマソンは，「神と自然と人間との究極的な一致をめざし，経験を超越して直観的にものを捉えよう」とする「超絶主義」を唱え(47)，彼の影響を受けたソローは，ウォールデン池のほとりで清貧生活を実践した．またシエラネバダ山脈の自然とともに生きたミューアは，自然保護団体「シエラ・クラブ」を創設し，自然保護運動の父と呼ばれている．

　このようなロマン主義的な自然観は，

鬼頭の本でも強調されているように，アメリカ環境倫理学の議論を規定するものとなった．

注意すべきは，そこにナショナリズムの影がある点である．ヨーロッパの人々に対してアメリカ人が自慢できるものは豊かな自然しかなかった．「アメリカ人にとって自国の豊かな自然は，湧きあがる愛国心を十分満足させるものだった」(40)．

その他，国立公園が誕生した経緯や，市民運動が拡大していくようすについても興味深く書かれている．特に，日本の自然保護運動にとっては，ブラウアーとザニサーの運動のやり方は非常に参考になるだろう．彼らが尽力した「エコー・パーク・ダム反対運動」に関する以下の記述は重要である．

「この論争では全国各地の十七の自然保護団体が一つの旗のもとにあつまり，連合体を形成したが，それは，日本の風土と違って，個人的に気に入らなくても主張が合えば，大同のための行動をする，という考えが強いためであるかもしれない．だれが連合体のリーダになるのかとか，事務局はどこの会が仕切るのかといった細かいメンツを捨ててエコー・パークを主人公にしたのである」(122)．

第6章と第7章では，1970年代に入り，

Part 2　欧米の環境倫理

運動が「自然保護運動」から「環境保護運動」へと広がっていくようすが描かれている．その背景には，『沈黙の春』の警告，アース・デー，国連人間環境会議の開催，スリーマイル島の原発事故やラブ・カナル事件（産廃による公害事件）といった問題があった．そして運動の担い手も，それまで一部の白人だけだったのが，マイノリティーを含む多様なメンバーへと広がっていった．

他方で，直接行動ではなく政策論を中心とする団体（シンクタンク）も生まれていった．ワールドウォッチ研究所（WWI）と世界資源研究所（WRI）である．WWIは毎年『地球白書』を発行していることで知られている．

以上のように，本書は1冊で1990年までのアメリカの環境保護運動の歴史が把握できるつくりになっている．本書にはたくさんの固有名詞が登場するが，それらを全部覚える必要はないだろう．巻末についている「人名及び環境団体名索引」を手掛かりにして，必要なときに参照するというのが，本書の効果的な活用法といえよう．

第Ⅰ部　環境倫理学の枠組みを知るための50冊

『エコ・テロリズム』

浜野喬士
洋泉社新書y，2009年

▼環境運動とテロリズムの関係を考察した骨太の政治思想の本

　本書は入門書のような体裁であるが，中身は骨太のアメリカ政治思想の本である．『エコ・テロリズム』というタイトルから，環境運動を短絡的に非難する「アンチ環境本」の類かと思って読み始めると，内容が真っ当な学術書であるのに驚くことになる．

◇

　「エコ・テロリズム」とは，「放火や爆弾，器物破損といった暴力行為を伴う過激な環境保護・動物愛護（解放）運動」を指す．日本では「シー・シェパード」による調査捕鯨船への襲撃が記憶に新しい．そもそも「エコ・テロリズム」という言葉は「シー・シェパード」がグリーンピースから分離して直接行動を起こしたときに誕生したのだという．しかし著者によれば，「エコ・テロリズム」を突き詰めていくと，「アメリカ」という問題に到達する．奴隷解放運動，公民権運動，女性解放運動は，どれも「法の遵守」ではなく「法の踏みこえ」によって行われた．権利獲得の背景には暴力があったのである．したがって，「自然の権利」や「動物の権利」の獲得のための非合法行為も容認されることになる（はじめに）．

◇

　本書で紹介されるラディカル環境運動・動物解放運動は以下の七つである．①グリーンピース（反核，反捕鯨），②シー・シェパード（グリーンピースから分離，反捕鯨），③アース・ファースト！（陸の自然保護），④動物解放戦線ALF（反毛皮，反動物実験），⑤ストップ・ハンティンドン動物虐待SHAC（実験動物生産会社ハンティンドン・ライフ・サイエンス社を活動停止に追い込む運動），⑥動物の倫理的扱いを求める人びとPETA（動物権利団体への資金提供），⑦地球解放戦線ELF（アース・ファースト！から分離）．

　この中で，ポール・ワトソン，エドワード・アビー，デイヴ・フォアマン，ジュディ・バリといった人物が果たした役割が語られる．

Part2　欧米の環境倫理

　　　　　　◇

　エコ・テロリズムの思想史的背景とし
て，自然保護に関してはミューアとシエ
ラクラブ，レオポルドの影響があり，動
物愛護に関してはシンガーの影響がある
とする．ここでは環境倫理学の教科書で
おなじみの人々や，自然保護運動の「王
道」を歩んでいた団体と，エコ・テロリ
ズムの人物たちとの連続性が指摘されて
いる．

　特筆すべきは，ソローの論文「市民的
不服従」や「ジョン・ブラウン大尉を擁
護して」との関連である．『森の生活』
によってアメリカの自然保護思想を形成
したソローは，同時にエコ・テロリズム
の思想をも準備したといえる．

　とはいえソローが特別な人物であった
わけでもない．「ボストン茶会事件」に
代表されるように，テロリズムはアメリ
カ建国以来の伝統でもある．「暴力が，
不正に対する「抵抗権」という色彩を帯
びるとき，エコ・テロリストたちの自己
認識は，建国の始祖たちとその歴史に観
念的に直結する」のである（181）．

　その他，ディープ・エコロジーが有す
る反ヒューマニズムの傾向と，黙示録的
な傾向があることにふれられ，それに対
するソーシャル・エコロジーとエコ・フ
ェミニズムの立場からの批判が手際よく
まとめられている．

　　　　　　◇

　興味深いのは，ラディカルな環境運動
に対抗して登場した「反エコ・テロリズ
ム」の団体についての解説である．それ
らは「ワイズ・ユース運動」と総称され
る．紛らわしいのは，ラムサール条約で
求められているワイズ・ユースが「弱い
人間中心主義」を求めるものであるのに
対して，「反エコ・テロリズム」として
のワイズ・ユース運動は，実質的に「強
い人間中心主義」になっている点である．

　「エコ・テロリズム」に対しては，以
前から「動物企業保護法」といった法律
を制定することで対抗する動きがあった
が，9.11後に制定された「愛国者法」は，
ラディカル環境運動・動物解放運動も
「国内テロリズム」と規定することで，
検挙や取締の法的根拠を与えた．「エ
コ・テロリズム」という言葉が流通し始
めたのも同じころである．

　著者によれば，「反エコ・テロリズム」
の運動もまた過激化する．エコ・テロリ
ズムも反エコ・テロリズムも，思想的に
はともにリベラリズムに依っており，ど
ちらも「良心は法を破る」という信条を
もっているからだ．

　両者の根っこにはアメリカの伝統があ
るというのは見事な洞察である．熟読に
値する本である．

33

第I部　環境倫理学の枠組みを知るための50冊

『環境倫理学ノート』

小坂国継
ミネルヴァ書房，2003年

▼アメリカの環境倫理学を網羅的に紹介した最良の教科書

　アメリカの環境倫理学を，いわゆる「自然の価値論」に偏らずに，その全貌を捉えたい場合，これまで薦められてきたテキストはシュレーダー＝フレチェット編『環境の倫理（上・下）』（晃洋書房）だった．この本にはピーター・シンガーの「動物解放論」から，ギャレット・ハーディンの「救命艇の倫理」および「共有地の悲劇」まで，幅広く有名な論文が収録されているからである．

　しかし，この本を通読するのは骨が折れる．またあまりにも哲学分野の議論の仕方が強く出ていて，他の分野の人には読みにくいようにも思われる．むしろ専門的に勉強したい人が原典にあたりたいときに読むべき本といえるだろう．

　そこで，初学者のためのテキストとして薦めたいのが，本書『環境倫理学ノート』である．本書はアメリカのさまざまな議論に広く目配りをしており，これを読んでおけばアメリカの環境倫理学がひと通りおさえられる．

　著者は有名な西田哲学の研究者であり，『西田幾多郎の思想』（講談社）は西田哲学の最も平明で偏りのない入門書として定評がある．その筆致は本書でも十分に発揮されている．

　第一章は，「地球環境と新倫理学」というタイトルで，ハーディンの議論を軸に議論が進んでいく．著者はハーディンの「不公正も完全な破滅よりはましである」とする論理に批判的であり，人間の尊厳と互恵性，そして公正を求める．

　第二章は，「土地倫理」がテーマである．内容を紹介したうえで，「自然主義的誤謬」を犯しているという批判や，全体論と個体主義の問題が検討される．

　第三章は，「動物の権利」がテーマである．この章は本書の一番の読みどころである．シンガーの主張の概説にとどまらず，西洋の自然観を種差別の歴史として描き，工場畜産や動物実験の現在の様子を紹介するなど，動物の権利を考えるために必要かつ十分な情報が提示されて

34

いる.

第四章は,「世代間倫理」がテーマである.ここではハンス＝ヨナスの「未来倫理」が紹介され,ロールズの「正義論」が詳しく検討される.

第五章では「環境と共生」というテーマの中で,共生概念が検討された後で,ディープエコロジーの自己実現論が紹介され,西田哲学の「行為的直観」とそれとが比較される.

第六章では「エコロジーと経済」というテーマの中で,ディープエコロジーの政治・経済に関する主張が紹介される.特にネスの GNP 批判が共感をこめて詳述される.

第七章は,「日本的自然観」がテーマである.ここでは記紀,親鸞,道元,本居宣長,西田,鈴木大拙の自然観が概観される.著者はこれらの日本的自然観を西洋の自然観よりも高く評価する.同時に,「概して日本人は,自分が直に接する自然が破壊されることに対しては猛烈に反対するが,自分にかかわりのない自然の破壊に対してはきわめて反応が鈍い」ことを指摘し,それを乗り越えるには,個々の自然愛を自然保護の「理」に高める努力が必要だとする(216).

第八章は,土地倫理と西田哲学の「行為的直観」の異同が論じられる.この章の内容は著者にしか書けないだろう.

◇

著者の特徴は,西田哲学研究に基づく自らの宗教哲学に引き付けて,すべての議論を解釈するところにある.各章の結論部分には,以下のような記述が散見される.

「意識を強制的に変えるのではなく,意識がおのずと変わるのでなければならない.我々の意識がおのずと変わるとき,はじめて社会の制度や組織の変革もスムーズにおこなわれるであろう」(27).

「人間は菜食主義へと強制されるのではなく,おのずと菜食主義者になるのである」(77).

「ロールズのいう原初状態や格差原理はまさしく後者,すなわち自他不二の宗教的自覚の立場においてはじめて全面的に受け入れられるのである」(124).

「そこにあるものはもはや(自他対立の)他動詞の世界ではなく,(自他不二の)自動詞の世界である.そこでは,一切が自己であると同時に一切が環境である.ここに社会や自然の環境との真の共生というものがあるのではなかろうか」(156).

この種の記述は論議を呼びそうだが,全体としては広く薦められる環境倫理学の解説書といえる.

『肉食の思想』

鯖田豊之
中公新書，1966年

▼環境倫理学の成立以前にキリスト教の人間中心主義を指摘

　本書はアメリカの環境倫理学を解説した本ではない．そもそも環境倫理学が成立する前に書かれた本である．その成立を後押ししたリン・ホワイトJr.の論文「現代の生態学的危機の歴史的根源」（1968）よりも2年早い．

　リン・ホワイトJr.の論文は，これまでのキリスト教の人間中心主義が現在の環境問題の原因だと主張して話題を呼んだ．そして，人間中心主義的でない倫理を探究することが初期の環境倫理学の課題となった．カウンターカルチャーを背景にして，東洋思想に新しい倫理の範を求めた人もいたという．

　現在ではリン・ホワイトJr.の主張の影響力は衰えている．特に日本では，啓蒙主義が生み出した「文明」のイデオロギーこそが自然搾取の源泉であり，「キリスト教から解放された結果として生まれた，文明主義的人間中心主義こそが，その源泉として告発されるべき」という村上陽一郎の主張のほうが腑に落ちるだろう（『文明のなかの科学』青土社，

129）．キリスト教的でない日本で公害や自然破壊が進んだのもこの説明なら納得できる．

　しかし本書には，このような文脈をいったん離れたうえで，キリスト教が人間中心主義にならざるをえなかった理由が説得力のある形で提示されている．著者は，西洋の文化の背景にある牧畜と肉食がその理由であるとする．さらに，彼らが牧畜と肉食を採用したのは風土的条件による．近代以前のヨーロッパは穀物生産力が低く，他方で牧畜には適した土地だったのである．

◇

　ヨーロッパでは，動物愛護と動物屠殺が同居してきた．「どうせ殺して食うのだからといって，家畜を手あらに扱ったのでは，十分な成育は期待できない．たいせつに育てたうえで，食用にするのである」．この動物愛護と動物屠殺の同居という矛盾を解消するには，「人間と動物のあいだにはっきりと一線を劃し，人間をあらゆるものの上位におくこと」が

必要だったと著者は言う．そしてキリスト教では，「牛や豚は人間に食べられるために神さまがつくってくださった」ということになる（56-58）．

本書では，牧畜と肉食の影響がヨーロッパ社会のあらゆる場面に現れていることが指摘される．ヨーロッパ人の性生活や結婚観にもその影響は及ぶ．

また，人間と動物を厳格に区別する発想は，ヨーロッパ人と非ヨーロッパ人，キリスト教徒と非キリスト教徒，支配階級と被支配階級の厳格な区別につながる．特に最後のものはヨーロッパ人の階層意識の強さを作り出していると著者は言う．

加えて著者は，パン食の影響についても考察している．パン食のもとでは家族の役割が小さく，もっとひろい社会一般との結びつきの方が重要になるという．そのような社会意識が村落や都市に定着し，階層意識とともに身分制を強化したという．

本書では動物と人間とのかかわりや，自然と人間のとかかわりが，西洋と日本ではまったく異なることが，「肉食」を通じて明らかにされているともいえる．そして欧米の環境倫理は，このような動物観・自然観を前提にして形成されているということが見えてくる．だとすれば，欧米の環境倫理をそのまま他の地域に持ちこむと文化衝突が起きるのも当然であろう．捕鯨問題は文化衝突だけでなく，より科学的な生態系保全の観点からも論じなければならないが，それでも不必要な文化摩擦が起こっているように思われる．それを避けるためにも，欧米の動物観や自然観，そしてその背後にある牧畜と肉食の文化についても一定の知識を得ておくべきなのだ．

最後に本書に記されている興味深いエピソードを紹介する．幕末に来日した総領事ハリスは，牛乳を飲むために牛を飼いたい，山羊を放し飼いにしたいという要求を出したが，当時の日本側はその要求が理解できなかったという（21-23）．オギュスタン・ベルクは『風土学序説』（筑摩書房，第24節）の中で，明治時代の屯田兵が，北海道で，その自然条件を理由に稲作を禁じられていたにもかかわらず，技術開発によって稲作を広めた結果，「流氷を背景にした稲田」という世界でもまれな景観を作りあげたことを印象的に記している．どちらも食文化が「身体化」されている．

Part 3
グローバルな環境倫理

『環境倫理学のすすめ』

加藤尚武
丸善ライブラリー，1991年

▼地球の「有限性」に着目した日本独自の環境倫理学を提示

　本書は日本で最も有名な環境倫理学の本である．著者の加藤尚武は，アメリカの応用倫理学全般を日本に本格的に導入し，本書によって環境倫理学という分野を広く一般に知らしめた人物である．

　本書の最大の特徴は，「環境倫理学の三つの基本主張」という枠組みにある．このような枠組は本家アメリカには存在しない．アメリカにおけるさまざまな議論を「三つの基本主張」として定式化することは，加藤の手によって独自になされた仕事なのである．
　「環境倫理学の三つの基本主張」とは，①自然の生存権，②世代間倫理，③地球全体主義を指す．アメリカの主流の議論は，自然の価値についての議論だが，それはすべて①自然の生存権に含まれることになる．そしてアメリカでは傍流であったハンス＝ヨナスの未来倫理や「宇宙船地球号」の議論を，②世代間倫理および③地球全体主義として大々的に提示したことが，その後の日本の環境倫理学の流れを決定づけた．今ではこの「三つの基本主張」は，高校の倫理の教科書にも載るほど，日本の環境倫理学の定番となっている．そして多くの研究者がこの定式を踏襲している．

　本書の構成を簡単に示してみよう．1章では「三つの基本主張」が提示され，続く2～4章でそれぞれの主張が平明に解説される．それらは9～11章で再び詳しく検討されるが，このあたりでは著者独自の主張が全面展開されている．7章では，「三つの基本主張」の特徴が生命倫理学との対比において示されているが，これも著者独自の図式といえる．
　5・6・8章では個別のテーマが論じられる．5章では地球環境問題に対して日本が果たすべき使命について，6章では人口問題について，8章ではゴミ問題について論じられる．これらの部分については，情報が古くなっている部分もあるが，今でも参考になる考え方も提示されている．

Part 3　グローバルな環境倫理

12〜14章では,「三つの基本主張」に流れ込む,より理論的なトピックが論じられる. 12章は「土地倫理」を中心としたアメリカの自然保護思想の概説, 13章はマルクスとミルの経済思想からの環境問題への論評, 14章は「自然主義」をめぐる考察である. ここに, 哲学者・倫理学者の文献研究の蓄積が応用倫理学に威力を発揮している例を見ることができる.

以上のように, 本書は豊富な内容を備えているが, 中でも著者が最も重視している論点は, 第4章の「地球全体主義」と自由主義との関係についてである.

加藤によれば, 現代の社会倫理の基軸となっている自由主義は空間の無限性を前提としているが, 環境倫理学は空間の有限性を前提とするため,「無限の空間のなかで自由に資源を消費し, 自由に廃棄する」という意味での自由は制限されざるをえないことになる (44).

加藤自身は, この問題に対して,「個人に自由を国家に制限を」というスローガンを掲げ, 国家間の資源分配の問題に収束させることで, 解決の糸口を見出そうとしている (48). そして加藤は, 地球環境問題を論じる際には, 地球上の有限の資源や食料の公正な分配や, さらには人口増加率や廃棄物排出量を国家間でどのように分配すれば公正といえるのか, を考えることが必要となると主張する.

このような問題意識のもとで, 本書以降,「三つの基本主張」は次第に変形されていく. 1993年の『二十一世紀のエチカ』(未来社) の中では, 他の二つの主張が「地球全体主義」へと収斂されている. また,「地球全体主義」から「地球有限主義」へと言い替えられている. ここから, 加藤の環境倫理学の中心テーマが「地球の有限性」にあるということが分かる. 事実, その後の加藤の議論は,『資源クライシス』(丸善) という著作が象徴するように, 地球規模の資源管理論という色彩が強くなる.

◇

加藤の環境倫理学の著作のうち, 原理的な議論がなされているのは初期の著作であり, 新しい著作は各論に近い.『新・環境倫理学のすすめ』(丸善) も, 本書の新版のようなタイトルだが, 内容は新しい状況に応じた各論の集積なので注意を要する.

日本の環境倫理学を今も規定しているのは本書の枠組である. これからも読み継がれることは間違いない.

『なぜ経済学は自然を無限ととらえたか』

中村修
日本経済新聞社, 1995年

▼経済学の「劣化しない無限の自然観」を批判した農学者の名著

本書は経済学の背後にある自然観を浮き彫りにした名著である．著者は，最初は環境工学を専攻していたが，公害現場を歩く中で工業社会の限界を感じ，農業経済学に移ったという．その遍歴は本書の内容に十分に反映されている．

第1章では，経済発展が大量のエネルギー消費によって成り立っていることをデータを用いて論証している．まず著者は，経済学でいう「生産」はエネルギー的には「消費」に他ならないことを示す．そして資源効率やエネルギー効率はどんどん悪くなっており，代わりに手に入れたのは収益と時間であるとする．

著者は，経済発展を可能にしたのは技術力ではなく化石燃料の力だったと喝破する．化石燃料は土地と労働の節約になった．また薪のもとになる木が再生するために必要な時間を待つ必要がなくなった．「それゆえ，工業生産や近代化農業において化石燃料を消費すればするほど経済効率がよくなるのは当然であった」(26-27)．

第2章の前半では，貿易が自然破壊を引き起こすことが問題視される．例えば莫大な量の輸入農作物は，窒素成分の大量蓄積による生態系の攪乱を引き起こす．逆に土壌に含まれた様々な物質が穀物として輸出されることは，土壌の喪失の原因になる．

後半では，エントロピー論の概要が説明される．その中で本書のキーワードである「物質循環」が登場する．「鳥は海で魚を食べた後，陸地で糞をする．さらには，山の上の森に戻って糞をするだろう．（中略）このような下から上への重力に逆らった物質循環が存在することで，地上ではリンが欠乏せずに，植物による光合成が持続できた」(79)．この下から上の循環には人間も参加しているという点が重要である．人間も生態系の中で役割を果たしているのである．

第3章では，スミス，リカード，ミル，

ワルラス，シュンペーターの経済学（特にリカード）が紹介され，経済学に「劣化しない無限の自然」という仮説が組み込まれてきたことが明らかにされる．その背景にはニュートン力学があったという考察も重要である．

興味深いのは，リカードやミルが自らの経済学を過渡的なものと見なしていたという指摘である．

「現代の経済学には経済活動を具体的に支える物質循環やエネルギー収支の視点まったく欠けていたが，リカードやミルにその原点を見ることができる．しかし，エネルギーや物質，つまり地球の資源に関しては，当時の経済学の課題ではないとリカードやミルは明確に設定していた．ミルは，地球上の資源は有限だが，資源の枯渇が将来おとずれるまでは，無限にあるかのように考えていいという時限付きの仮説の上で抽象的な経済理論を論じていた」（125）．ミルが有名な「定常状態」論を唱えた理由もこれで分かる．

第4章では，環境経済学の分類とそれらに対する批判が行われる．ポイントは，環境経済学の中に「なぜ経済学が自然の問題を論じることができないのか」，「なぜ，いつから，自然は経済外部であったのか」という議論がないということにある（198-199）．

それに対して，本書ではエントロピー論に基づく経済学が推奨される．「熱力学的制約の中で経済活動が行われ，経済学が論じられる」ことによって持続可能な経済社会が成立すると著者は言う（209）．

◇

第5章では，持続的社会をつくるのは農学であるという主張がなされる．著者はさまざまな学説の批判をしているが，その中で一貫して肯定的に評価されているのが農学者リービッヒの主張である．

著者によれば，リービッヒの農学の本質は「物質循環による持続性」であり（222），そこから彼はロンドンの下水道を物質循環の破壊者と呼んだ（65）．また人々の糞尿を農地に戻さず，農作物も都市や外国へと運びだしてしまうような近代農業を「洗練された略奪農業」として批判した（66）．

著者によれば，「人間が加わらなくても維持する巨大な循環（有限な自然の物質循環）の中に，自然的存在としての人間（人間の経済活動など）をおくという，リービッヒの科学的思考こそが農学本来の思想であり，そこに農業が求めた人間の持続的な生存の可能性があった」という（223）．リービッヒの本が読みたくなる記述である．

『「定常経済」は可能だ！』

ハーマン・デイリー，枝廣淳子
岩波ブックレット，2014年

▼環境経済学の第一人者が語る「定常経済」の具体像

　ハーマン・デイリーは世界的に有名な環境経済学者であり，「定常経済」と「デイリーの三条件」の提唱者として知られている．それらは，J.S. ミルが『経済学原理』の中で唱えた「定常状態」の理念を現代の環境問題の文脈をふまえて実現させようとするものである．加藤尚武は，『地球環境読本 II』（丸善）の中で，デイリーの三条件を「一，生物資源を永続的に利用するための収穫の制限，二，枯渇型資源の再生型資源への転換，三，分解・吸収能力以下の廃棄物の排出」とまとめ，環境教育ではこれを必ず教えなければならないと主張している．本書は枝廣淳子の質問にデイリーが答える形で進むが，その中でデイリーの主張のエッセンスが見事に引き出されている．

　第 I 章では，なぜ「定常経済」が必要なのか，が語られる．

　第一に，デイリーは，世界が「空いている世界」から「いっぱいの世界」に変わったことを重視する．「空いている世界」では漁船の数を増やすなど，人工資本に投資すれば効果的だが，「いっぱいの世界」では魚の数が戻るようにするなど，自然資本の再生能力を高めることが効果的になる．

　第二に，デイリーは，経済成長は今や経済的ではないと主張する．経済成長のための費用よりも，経済成長による便益が大きかった時代は，経済成長は良いものだったが，先進国では1980年ごろから，便益よりも費用のほうが大きくなり，不経済成長になっているという．それは，GDP の中身を費用と便益に分けて，費用を差し引いた実質的な便益を概算したことなどから判明したことである．

　デイリーは，途上国には経済成長が必要なことは明らかだとした上で，「いっぱいの世界」では，先進国は定常経済に移行して，経済成長が必要な途上国に資源やエネルギーを回すべきだと述べている．

　第 II 章では，「定常経済」の中身が語

Part 3　グローバルな環境倫理

られる．

　定常経済とは「一定の人口と一定の人工物のストックを，可能な限り低いレベルでのスループットで維持するもの」(21) である．

　そこでは，希少性についての考え方を変えることが必要になる．「あらゆる希少性は相対的なものだから，代替によって解決できる」と考えるのではなく，「希少性には絶対的なものがあって，代替によっても解決できない限界がある」と考えるのが定常状態なのだ (27)．

　定常経済においても技術の進歩が必要になる．そこでは「より少ない自然資本で質の高いモノやサービスを生み出す能力」が求められるからである (35)．

　「定常経済」と「うまくいっていない成長経済」とは別物である．定常経済はヘリコプターのように留まって安定しているのであって，前に飛べなくなっている飛行機とは違うのである (38)．

　その他，デイリーが「定常経済」を着想した経緯や，経済学における「定常状態」の系譜についての話も興味深い．

　第Ⅲ章では，どうやって「定常経済」へシフトするのかが語られる．

　定常経済のポイントは自然資本の維持にある．そのためには自然資本については利用の上限を決めたうえで取引をすること（キャップ・アンド・トレード）が必要になる．市場は「資源の効率的な配分」はできるが「持続可能な規模を決める」ことはできない．それを決めるのが政府の役割になる．

　それらをふまえて，デイリーは「定常経済」へシフトするために必要な「一〇の政策」を列挙している．キーワードだけを挙げていくと，①資源のキャップ・アンド・トレード，②環境税改革，③所得格差の幅の制限，④労働日数の柔軟化，⑤国際貿易に対する規制，⑥ WTO・世銀・IMF の降格，⑦準備預金の準備率を100％にする，⑧特許制度の見直し，⑨人口の安定化，⑩ GDP の計算方式の改革．

　これらの詳しい中身については本書を読んで確認してほしい．よくあるインタビューだと，「ではどうすればよいのか」という処方箋については，お茶を濁されることが多いのに対し，このインタビューではきわめて具体的な回答が得られている．これは，聞き手の枝廣淳子が，聞きたいこと，聞くべきことをストレートに聞いているからであろう．本書からは，デイリーの理論だけでなく，有益なインタビューの仕方についても学ぶことができる．

45

『21世紀　知の挑戦』

立花隆
文春文庫，2002年

▼博覧強記のジャーナリストが20世紀を総括し21世紀を展望する

　立花隆は，田中角栄研究に代表される政治ジャーナリストとして，また宇宙飛行，脳死，臨死体験，インターネット，サル学などに関する学際的な観点からの書物の著者として有名である．特に『アメリカ・ジャーナリズム報告』（文藝春秋）には，ジャーナリストとしての著者の見識の高さが現れている．

　そんな立花の事実上のデビュー作は，『エコロジー的思考のすすめ』（中央公論新社）という名の，生態学的な思考法についての解説本であった．また1970年代には『文明の逆説』（講談社）という，当時の環境問題に対する見解を述べた本を出している（当時は地球の温暖化ではなく寒冷化が心配されていた）．2冊とも，今でも興味深く読める本だ．1998年には環境ホルモンについての本を出している．

　ちなみに，立花は「応用倫理学」とも縁が深い．東京大学で行っていた講義の名前は「応用倫理学」であり，丸善から刊行されたシリーズ本（『現代社会の倫理を考える』全17巻）に関しては，加藤尚武と共に編者となっている．もともと，脳死やインターネットについての取材を行うなど，生命倫理や情報倫理に近い仕事をしてきたので，応用倫理学とのつながりは不自然ではない．

　ここで紹介する『21世紀　知の挑戦』は，大局的な視点から20世紀を総括し21世紀を展望しようというTBSの番組の製作に携わる中で作り上げられた，立花の20世紀論である．本書には，『文藝春秋』に掲載された著者の複数の論文がまとめられている．大半は先端科学技術の紹介であり，冒頭に掲げられた「サイエンスが人類を変えた」と最後の「21世紀若者たちへのメッセージ」が，本書の骨子としてワンセットで読むべき部分である．

　「サイエンスが人類を変えた」では，雑誌掲載時のタイトル「二〇世紀　知の爆発」からも分かるように，20世紀の特

46

徴を「圧倒的なアクティビティ総量」においている．人口，エネルギー消費量，テクノロジーの発展にともなう産業活動などが爆発的に増加したのが20世紀である．しかし著者によれば，それ以上に急発展をとげたのが，テクノロジーを支えているサイエンスなのだという．「20世紀はサイエンスの急発展によって起きた知識爆発の時代」である．「我々がいま持っているサイエンスの知識のほとんどが，20世紀になって生まれたもの」であり，それ以前の知識は今では「噴飯もの」にすぎないと著者は言う（31-32）．

ヒトの進化の過程や先史時代に関する知識，宇宙に関する知識，原子や原子核の知識などは，20世紀になって飛躍的に進展した．コンピュータ・情報科学，分子生物学・バイオ技術のような，20世紀後半になって登場した研究領域もある．著者はこの二つの領域が21世紀の先導役になるという．

論文中には，「人工知能の水準はまだまだ低い」という記述もあるが（52），近年のAIの発達は著者の想像を上回っているといえよう．サイエンスの爆発は21世紀に入ってますます進んでいる．

著者は最後に，日本人のサイエンス離れを憂えており，これが巻末の「21世紀 若者たちへのメッセージ」につながることになる．

◇

Part 3　グローバルな環境倫理

「21世紀　若者たちへのメッセージ」では，ゆとり教育批判，大学生の学力低下や研究者の論文引用数の少なさの指摘，子どもの理科嫌いへの危惧などが続く．

なぜ科学に関心をもたなければならないのか．その一つの理由は，環境問題に対応するためである．ヒトのアクティビティの増大が環境問題を引き起こしたのだが，「環境問題の深刻化によって，ヒトは（中略）盲目的行動者から，世界のマネジメントに自覚的にかかわる世界のケア・テイカー（世話役）へと自己を変貌させようとしている．これが最も巨視的に見たときの人類史における現代史の流れということができます．このような流れの中にあって，我々は自然をますます深く知ることによって，その操作能力，マネジメント能力を高め，よきケア・テイカーになっていかねばならない」（280-281）．

このように，本書は20世紀の特徴を大きく描き出すとともに，21世紀に生きる我々が科学を学ぶ意味についても示唆を与える．著者が紹介する先端科学の話題は刊行当時のものであり，その後の進展を自分で調べたくなる．

『20世紀環境史』

J.R.マクニール
名古屋大学出版会，2011年

▼21世紀の環境倫理を考えるための必読書

　本書の著者J.R.マクニールは，日本でもベストセラーになった『世界史』（中央公論新社）の著者W.H.マクニールの息子である．

　「環境」という観点から世界の歴史を記述した本としては，クライブ・ポンティング『緑の世界史（上・下）』（朝日新聞社）や，ジャレド・ダイアモンド『文明崩壊』（草思社），石弘之ほか『環境と文明の世界史』（洋泉社）などがある．そういった多数の類書と異なる本書の特徴は，時代を「20世紀」に絞った点にある．

　もちろん必要に応じて，1900年以前の歴史も描かれるのだが，あくまでも焦点は20世紀にある．20世紀には，それまでの歴史とは質・量とも比較にならないような環境改変が行われたからである．

　第Ⅰ部「地球圏のミュージック」は，岩石圏・土壌圏（第2章），大気圏（第3章，第4章），水圏（第5章，第6章），生物圏（第7章，第8章）という章立てである．ここでは地球の各圏域のそれぞれに対して，20世紀に人類が行った環境改変の歴史が記述されている．ただし通常の環境問題の分類とは異なるので，一読しただけでは全体の見通しが立てづらいのが難点である．

　ここでは見通しをよくするために，各圏域で論じられている主要トピックを示しておきたい．

　岩石圏・土壌圏の中で扱われるのは，「化学肥料，土壌汚染，土壌侵食」の問題である．そして大気圏では，「大気汚染，酸性雨，気候変動，オゾン層破壊」の問題が，水圏では，「水質汚染，地下水汲み上げ，ダム開発」の問題が，生物圏では，「感染症，緑の革命，森林破壊，捕鯨と漁業，侵略的外来種」の問題が論じられている．

　このくらい大きな見取り図を頭に入れておけば，細部に迷わずに読み進めることができるだろう．

　第Ⅱ部「変化のエンジン」では，環境

改変の推進力になったものが探究される.

第9章では，人口増加，移住，都市化のうち，人口の純増よりも移住と都市化のほうが環境への影響が強いことが示唆される.

第10章では，石油，チェーンソー，自動車，原子炉，工業化，フォーディズム，経済統合（グローバル化）が環境改変の推進力として取りあげられる.

第11章では，ビッグ・アイデアとしての「経済成長第一主義」と各国の安全保障が環境改変の推進力とされ，それに対する環境思想，政治，政策の影響が分析される.

第Ⅰ部が総じて歴史的な記述であったのに対し，第Ⅱ部では社会科学的な分析が加えられている.

このように紹介すると，本書は辞書的な書物のように思われるかもしれないが，読んでみると一つの物語として興味深く通読できるのに気づく. 第Ⅱ部は環境改変の犯人捜しのような趣さえある. もちろん犯人は単一ではなく，特定の人物でもない.

その一方で，フロンガスの一種であるフレオンを発明するとともに，鉛がエンジンの性能を高めることを発見したことで，「地球史の中で彼以上に大気に影響を与えた単一生命体はいない」(86)として名指しで批判されている人もいる.

それが誰なのかは，本書を読んで確認してほしい.

また，環境問題に関する多くの書物と同様に，環境改変に関する本書全体のトーンはやや悲観的である. しかし，環境危機をあおるような誇張はなく，記述はきわめて冷静である. 大気の改善，森林再生，土壌保全の例を出して，随所に希望をのぞかせている点も見逃せない.

加えて，邦訳版に掲載された，著者による「日本語版への序文」は，貴重な特典といえる. 「訳者あとがき」でも述べられているように，「日本語版への序文」は21世紀初頭の10年間の環境史を概観したもので，本書の短い続編となっているからである.

特に，世界中の環境改善が，中国の環境悪化だけで相殺されてしまっているので，「21世紀の環境史の最も重要な意思決定は，おそらく北京でなされるだろう」という指摘は，本書を通読すると重く響いてくる.

21世紀の環境倫理を考えるためには，20世紀の環境改変を総括するとともに，その後の国際情勢を見据える必要がある. 本書はそのための基本的な情報を提供してくれる骨太の環境史となっている. 一読を薦めたい.

Part 4
ローカルな環境倫理

『自然保護を問いなおす』

鬼頭秀一
ちくま新書，1996年

▼学際的な研究に基づく「ローカルな環境倫理」の構築を提唱

　鬼頭秀一は，日本の環境倫理学のネットワークの中心にいる人物である．鬼頭を核として，哲学者・倫理学者にとどまらず，社会学者，文化人類学者，生態学者といった，多様な領域の環境問題研究者が結びつき，そこから新しい環境倫理学が生まれようとしている．

　本書は鬼頭の代表的な著作であり，日本の環境倫理学においては，『環境倫理学のすすめ』と並んで，最も重要な文献となっている．

　ここで問いなおされている自然保護とは，〈人の手が入っていない自然を人の手から守る〉というタイプの自然保護である．その典型が，アメリカの「原生自然」(ウィルダネス) の保護思想である．

　第一章では，アメリカの自然保護思想とそれを引き継いだ環境倫理学のさまざまな主張が手際よく紹介される．この部分は，加藤尚武の紹介よりも体系的にアメリカの主流の議論を伝えており，初学者が見取り図を得るには非常に便利である．また多少詳しくなってから読み返しても得るものが多く，再読に耐えうる内容である．

　第二章では，アメリカの自然保護思想が，アメリカに特有の自然観に立脚したものであり，それを普遍的な環境倫理としてグローバルに適用しようとすることの問題点が示される．

　そこでは「生身」と「切り身」の区別を軸とする「社会的リンク論」が提唱され，尊重されるべきは都会人の「切り身」の自然観ではなく，自然と人間が「生身」の関わり方をしている諸地域の自然観であることが表明される．

　例えば熱帯林保護に関して，アメリカの環境倫理学では，人間のための熱帯林の保護か，熱帯林自体のための保護か，という議論の立て方になるが，鬼頭の枠組では以下のようになる．サラワクの先住民プナン族にとっては，森林は社会的・経済的な環境 (資源を提供するもの) であるだけではなく，文化的・宗教的な環境でもあり，そのような意味で，

プナン族と森林は「生活者にとっての森」として「生身」の関係を取り結んでいる. しかし, そのサラワクの熱帯林を伐採した木材を輸入して建築などに利用する人たちの森林との関係は,「資源としての森林」という「切り身」の関係である. また, 熱帯林保護を訴える先進国の人たちであっても, 森林との関係でいえば,「観察者にとっての森林」という「切り身」の関係にすぎない (128-129).

このような認識のもとで, 鬼頭は, 環境倫理は「生身」の関係を結んでいる諸地域から構築されるべきであり, そうした「ローカルな環境倫理」を探究するには, フィールドワークを行っている研究者の知見が重要なので,「学際的な環境倫理学」が必要になる, と述べている.

第三章では, 以上の枠組みの有効性を検証するために, 青森県と秋田県にまたがる白神山地をフィールドにした議論が展開される.

本書の意義は, アメリカの環境倫理学の網羅的な紹介を行う一方で, それを批判して独自の環境倫理学の流れをつくった点にある. 人の生活の場としての自然を積極的に評価することは, 日本では「里山」に注目することにつながる.

丸山徳次が提唱する「里山の環境倫理」(丸山徳次, 景浦富保編『里山学のすすめ』昭和堂) は, 鬼頭の議論の延長線上にある.

また本書は, 加藤尚武の議論とも異なるタイプの環境倫理学を日本に誕生させたという点でも画期的であった. それによって, 環境倫理学のフォーラムに集まる研究者の幅が各段に広がったといえる.

本書で提唱された「学際的な環境倫理学」のタネは, 着々と実を結びつつある. 鬼頭秀一編『講座人間と環境 (12) 環境の豊かさをもとめて——理念と運動』(昭和堂) は, そのための重要な跳躍台であった. この本に収録されている文化人類学者の細川弘明のアボリジニーの環境理解 (ローカルノレッジ) についての論文や, 鬼頭自身の「アマミノクロウサギの権利訴訟」についての論文は, 本書の「ローカルな環境倫理」に関する議論をうまく補強している. そして, 鬼頭秀一, 福永真弓編『環境倫理学』は,「学際的な環境倫理学」の一つの到達点となった. これらの本からも多くの情報を得られるが, その基礎にあたる理念や論理が示されているのは, 本書『自然保護を問いなおす』である. 本書は今でも環境倫理学を学ぶ上で最も重要な本なのである.

『多声性の環境倫理』

福永真弓
ハーベスト社，2010年

▼環境倫理学，フィールドワーク，ポストモダン思想の見事な結合

　鬼頭秀一が「ローカルな現場から普遍的な環境倫理を構築する」という構想を出してから約10年後，福永真弓は博士論文においてその一つの形を提示した．本書はそれを一般向けに改訂したものである．本書では環境倫理学の課題（道徳的多元論と正義論の必要性），フィールドワーク，ポストモダン思想の正義論（主にI.M.ヤングに基づく）が見事に結合されている．

　本書のキーワードは「流域」と「正統性」(legitimacy)と「多声性」(polyphony)である．著者は，一般的な理論を現場に当てはめるのではなく，具体的な現場の中から自前の概念を作り出し，それにふさわしい理論を選んで適用している．したがって，理論的な部分よりも，まずは第Ⅱ章のマトール川流域の物語を先に読んだほうがよい．そのほうが，他の箇所の論述が頭に入りやすくなるだろう．

　第Ⅱ章は独立して読める物語になっている．登場人物は二つのグループに分けられる．マトール川流域に古くから住んでいるランチャー（牧畜業者）たちと，1960年代後半以降に移り住んできた環境主義者（バイオリージョナリスト）たちである．この二つのグループの対立が物語の軸になる．

　バイオリージョナリストは，彼らが設定するバイオリージョン（自然の境界に基づく地域，典型的には「流域」）への「住みなおし」を行う．そのため，流域の生態系との共生が彼らの主目的となる．彼らは「サケの会」や「流域の会」を作り，マトール川流域の資源管理と流域管理を行うことになる．

　他方，ランチャーたちは自分たちの生活のためにそこに住み，ランチ（牧場）を経営している．その立場からすると，後から来た人々は環境保全を盾に自分たちの生活を脅かす存在として映る．

　著者はここに二つの「正統性」の対立を見る．ランチャーたちは，この流域に長く住んできて経験も豊富だということを根拠にして，自分たちの谷に対する正

統性を主張する（「谷の」正統性）．他方で新住民たちは，科学的知識に基づいた適切な資源管理ができるという自負のもとに正統性を主張する（「正しさ」の正統性）．

このような二つのグループは，これまではお互いに干渉せず，ゆるやかに「すみ分け」られてきた．しかし，1990年の米国北太平洋岸での環境運動と反環境運動との対立がマトール川にも及び，ランチャーと「サケの会」「流域の会」との間に緊張が生まれる．さらに，森林局や漁業狩猟局という行政の介入が，事態を悪化させてしまう．

そんなときに「行政抜きで」地域の問題について話し合おうという呼びかけが起こり，アジェンダ・コミュニティや流域協議会が開かれ，次第にランチャーと「サケの会」「流域の会」の相互理解が図られていくことになる．

著者は，これらの話し合いの中で，同じ土地に住むものとしての「わたしたちの」正統性が育まれたと評する．同じ土地に住んでいるからという理由づけは，最初は行政に対する反発心から生じた暫定的なものだったが，それが話し合いの中で肉付けされていった，という分析は興味深い．

これはマトール川流域で起こった個別具体的な事例であるが，著者はこれを一般化した形で提示する．すなわち，それぞれの〈生〉の領域をもつ人々が，流域協議会のような〈応答と関係の場〉で話し合うことによって，「わたしたちの」正統性が育まれた，と．

このようなマトール川流域の物語を読んだ後に，第Ⅰ章の「正統性」に関する定義や学説を読むと，著者がなぜ「正統性」をキーワードにしたのかがよく分かる．また，〈生〉の領域や〈応答と関係の場〉からは責任や正義の問題が生じるが，第三章でその場合の正義を考察するにあたって，ロールズ流の分配的正義ではなく，ポストモダンの正義論を適用していることにも納得がいく．そして最後まで読むと，「多声性」という概念には，「いくつもの緊張関係の中からあるラインを持つ物語や姿へと収束しようとしているその過程と，その過程においてせめぎあっているいくつもの声の存在をよく捉え」たい，という思いが込められていることが分かる（203）．

第Ⅱ章の物語を読みながら，これは近所に存在する「旧住民と新住民の軋轢」一般に通じる話であるように思われた．都市問題を考えるうえでも参考になる話である．

『自然再生の環境倫理』

富田涼都
昭和堂，2014年

▼自然再生事業と地域社会との関係性を巧みに分析

現在，自然保護には「保存」（手を入れないで守る），「保全」（手を入れて守る），「再生」（失われた自然を人為的に元に戻す）の三つの種類があるとされる．

自然再生がテーマ化されたとき，アメリカの環境倫理学者の中から批判の声が上がった．人の手によって再生された自然は「偽物」であり「大嘘」であるという批判である．しかし現在では，それに対する再批判もあり，自然再生は市民権を得てきている（丸山徳次「自然再生の哲学〔序説〕」『里山から見える世界 2006年度報告書』龍谷大学里山学・地域共生学 ORC）．

日本ではもともと自然再生に違和感はなく，2003年に「自然再生推進法」が成立してから自然再生事業も盛んに行われるようになった．ただし，自然が本物か偽物かとは別に，自然再生事業には難問がある．それは「再生されるべき自然はいつの時代の自然なのか」という問題である．本書はその問題から説き起こしている．

◇

第1章は，生態学の発展により，生態系のイメージが変わったという話題から始まる．20世紀前半の生態学では，生態系は有機体のイメージで語られ，恒常性をもち，「放っておけば元の本来に落ち着く」と考えられてきた．これは原生自然保護の考え方と調和するものだった．

しかし1960年代以降，生態系はダイナミックに変化する不均質なシステムとして理解されるようになった．そうなると，時間や空間のスケールをどうとるかによって，生態系の評価が変わってくる．

そこで著者は，生態系の評価基準は過去にはなく，「これからどのような社会を構築し，生態系との相互関係をどのように持つべきなのかという，未来の人と自然のかかわり」(9) によって評価することを提案する．著者によれば，自然再生は「過去の復元」に事実上もなりえない．著者は望ましい自然再生の目標を，自然の復元（restoration）ではなく，人と自然とのかかわりの〈再生〉

（regeneration）として提起する．

　第2章では，霞ケ浦関川地区の自然再生事業が分析される．霞ケ浦は「アサザプロジェクト」という自然再生事業の先駆けのような事業によって知られている．著者は関川地区で多数の人に聞き取りをして，高度経済成長前の，生態系サービスを享受する営み（漁撈，遊び，稲作，畑作，ヤマ仕事，祭礼など）を再現している．時代を経て，化成肥料や機械が導入されると，「営みが相互に関係し支えあうような生態系サービスの享受の姿は崩れ，農業生産物という物質的な生態系サービスの享受への特化が進んだ」（76）．
　そのような状況の中で自然再生事業が行われたのだが，それは人々の日常の営みと接点を持たずに進められていった．「自然環境の操作のみに注目する復元には限界がある」と著者は言う（81）．

　第3章は，霞ケ浦沖宿地区の自然再生事業の分析である．この事業では，法律的な根拠を持つ自然再生協議会という「公論形成の場」が設けられた．しかし，そこでは事前に枠組みが設定され，そこから外れる議論はしないというスタンスが作られてしまった．そのため，協議会と，委員になった地元の人々との間に齟齬が生じ，委員を辞任する人が多かった．著者は，協議会であらかじめ科学的な問題を設定し，それを丁寧に解説しても的外れであり，「何を共通の問題設定として合意し共同行為を実現するのかという〈まつりごと〉が重要」だと喝破する（133）．

　第4章では，佐賀県の松浦川アザメの瀬の自然再生事業が取りあげられる．その特徴は「徹底した住民参加」にあり，非公式の自由参加の「検討会」でどんなことでも話し合う．その中から，自然再生事業と小学校の総合学習を結びつける案が生まれ，子どものために活動をするという目標ができていく．著者は検討会の中で生物多様性の保全と子どもたちの育成という目標を並存させているようすを「同床異夢」と称している．そのことによって「地域社会が日常の世界において自然再生事業を自律的に生態系サービスの享受の新たなかたちとして取り入れ」ることになるという（159）．
　第5章でもさらに考察が続くが，以上の比較研究だけで著者の主張は十分に伝わるだろう．またこれが鬼頭秀一の枠組の見事な応用であることも見て取れると思う．

『水辺ぐらしの環境学』

嘉田由紀子
昭和堂，2001年

▼ 「生活環境主義」の立場からの地域環境論と環境教育

　環境社会学には「生活環境主義」という学派がある．その主張は，鬼頭秀一の「ローカルな環境倫理」の構想とも親和性があり，概要を知る価値がある．

　代表的論者の鳥越皓之によれば，「生活環境主義」とは，人の手の加わらない自然の保護を求める「自然環境主義」と，環境の技術的改変を推進する「近代技術主義」から区別された，居住者の立場に立った地域内在的な視点からの環境論である．そこでは，「鳥の目」から環境問題を概括的に眺めるのではなく，「虫の目」から個別の事例を見つめることが強調される（鳥越皓之編『環境問題の社会理論』御茶の水書房，序文，第一章）．

◇

　鳥越に並ぶ代表的論者として名前が挙がるのが，本書の著者である嘉田由紀子である．嘉田は本書のなかで，生活環境主義を，環境問題への実践的な政策哲学とする．それは「人と人のかかわりや社会性，生活当事者の視点から，小さなコミュニティによる環境再生の哲学と実践をめざす」（50）ものであり，「小さな身近な共同体（コミュニティ）での自治的な意思形成と地域ごとの固有の経験と文化を重視する基礎的な政策思想である」（275）．

◇

　本書では，著者の長年の研究が三つにまとめられている．一つ目は「水辺」の比較研究である．ここで著者は，マラウィ湖（アフリカ），マジゾン四湖群（ウィスコンシン州），レマン湖（スイス，フランス），太湖（中国），琵琶湖における，人々と水辺に対するかかわりを紹介した後で，「人類が今後，湖や環境とどうかかわっていったらよいのか，たんに技術的な環境保全ではなく，トータルな「生命文化複合体」として，多面的な価値の発見から出発することが大切である」と語る．この研究は，「ローカルな環境倫理」を提唱する鬼頭の援軍となるものである（36）．

◇

　なかでも著者の第一のフィールドは琵

琵琶湖である．著者は「琵琶湖博物館」の創設に携わり，そのなかで生活環境主義の理念にそった研究と教育を行ってきた．

このことは，本書の二つ目のテーマ「科学知と生活知の対話」のベースとなっている．ここで著者は，外部の科学知のみによって地域の環境問題を理解する姿勢に対して疑問を呈している．

著者によれば，琵琶湖問題が社会問題化するなかで，「多面的な価値をもっていた琵琶湖が，「リン」や「チッソ」という物質還元的な汚染の場と認識されてしまった」(142)．このことは，問題を行政と科学者のものとし，生活者から縁遠いものにしてしまった．「多くの運動参加者は「琵琶湖の何が問題で，それをどのように見たらよいのか」，本源的な問いを発する機会がせばめられてしまった」(143)．

このような科学知と生活知の分裂状況を打開すべく，著者が打ち出したのが，「シロウトサイエンス」である．「シロウトであることは，生活者的知のくくりのなかで科学者的知識を部分知としてとりこむ総合的な力をもっているということである」からだ(91)．

博物館での環境教育では，シロウトが自分でデータをとることを重視する．「自分がとったデータは愛着がわく」ものであり，問題を「自分化」できるからである(67)．また博物館では，「来館者が「自分とかかわりのある」「自分にも心あたりがある」と思えるような「とりつくシマ」から導入しようとした」という(71)．

このような環境教育は，環境保護運動のベースになるべきものだ．著者は，「たんけん」「はっけん」「ほっとけん」(井阪尚司)というフレーズを引用して，次のように言う．「これまで多くの住民活動事例のなかで，住民参加は「ほっとけん」(実践)の段階に集中する傾向にあった．「なぜリンなのか」「なぜ石けんなのか」という「たんけん」(問題発掘)の段階での吟味をせずに「実践」が強調されてきた」(101)．環境に対する関心も，汚染や開発に対する問題意識もないのに，いきなり実践せよといわれても無理ということだろう．

最後のテーマは「所有論」である．著者は「公有」でも「私有」でもなく，村落社会に存在した「共有」(入会，総有)の意義を訴える．生活環境主義が「コモンズ」論につながるのは自然な流れであろう．

このように，本書の三つのテーマはそれぞれ読み応えがある．実際に琵琶湖博物館に行くと，より理解が深まるだろう．

『焼畑と熱帯林』

井上真
弘文堂，1995年

▼「生身」が「切り身」に変容するメカニズムを実証的に示した本

　地球環境問題の一つである「熱帯林破壊」は，1990年前後に大きな話題を集め，現地住民が行う「焼畑」がその主な原因とされた．そうした〈常識〉を問い直し，熱帯林が消失した背景要因を追究したのが本書である．

　著者は，焼畑の種類を「伝統的」なものと，「非伝統的・地力収奪的」なものに区別し，焼畑農業が「非伝統的・地力収奪的」なものに変容したことが，インドネシアの東カリマンタン（ボルネオ島）で大規模な森林の消失が起こった原因であったと説明する．

　著者の現地調査から30年あまりを経ているが，本書は現在でもなお，読む価値のある本である．以下では，ローカルな環境倫理に引き付けた場合の本書の読みどころを２点に絞って紹介する．

　第一に，鬼頭秀一のいう「生身」と「切り身」という区別の有効性が示されている，という点が挙げられる．

　伝統的な焼畑を続ければ，熱帯林は維持されるが，非伝統的・地力収奪的な焼畑をすると熱帯林は破壊される．これは，「生身」の関わりをしていれば自然環境は維持されるが，「切り身」の関わりになると自然環境は破壊される，ということに対応する．

　重要なのは，なぜ伝統的な焼畑が非伝統的・地力収奪的な焼畑へと変容するのか，という点である．本書のポイントもそこにある．井上は，地力収奪的な焼畑への変容の度合いが，貨幣経済の浸透と，それによる経済・社会構造の変化の度合いに対応していることを実証的に示している．

　このことは，鬼頭のいう「生身」の関わりが，どうして「切り身」化してしまうのか，という問題を，実質的に解明したということである．「切り身」化の一つの原因は，貨幣経済，ひいては商品経済，グローバル経済の浸透にあったのだ．ここから，「生身」の関わりを回復するためには，地域社会の中で，貨幣経済，商品経済，グローバル経済をある程度抑

制することが必要であるということになる.

◇

　第二に，コモンズ論に対する貢献である．コモンズ論には，ギャレット・ハーディンによる「コモンズの悲劇」論と，地域環境論者による「コモンズ」擁護論の二つがある．多くの論者が両者を包括する枠組みを提出しているが，その中で井上の見取り図が最も明快なものに思われる．

　ハーディンの「コモンズ」は，「誰にでも開放されている牧草地」であり，誰でも自由に使える「大気や水」である．そしてハーディンは，そのような「コモンズ」においては，所有者や管理者がいないために，過放牧になって荒廃したり，大気汚染や水質汚濁が起こったりする，と述べた．これが有名な「コモンズの悲劇」の要点である．ハーディンは，このモデルを使って地球規模の資源問題を「共有から私有へ」という道筋で解決しようとしている（彼の論文は『環境と倫理（下）』晃洋書房に収録されている）．

　他方，経済学者で地域環境論者の多辺田政弘は，コモンズを「商品化という形で私的所有や私的管理に分割されない，また同時に，国や県といった広域行政の公的管理に包括されない，地域住民の「共」的管理（自治）による地域空間とその利用関係（社会関係）」と定義する（『コモンズの経済学』学陽書房，はじめに）．そしてコモンズの共的管理（入会のルール）こそが環境を保全してきたのだと主張する．

　この二人は，まったく違うものを同じ言葉で語っているように見える．これを井上は次のように整理する．資源にアクセスできる権利が限られた集団に限定されない場合を「グローバル・コモンズ」，限定される場合を「ローカル・コモンズ」とする．そして，「ローカル・コモンズ」を，しっかりとした利用規制が存在する「タイトなコモンズ」と，存在しない「ルースなコモンズ」とする（140-141）．この分類で言えば，ハーディンの議論は「グローバル・コモンズ」および「ルースなコモンズ」に，多辺田の議論は「ローカルなコモンズ」かつ「タイトなコモンズ」に該当することになる．そして，ローカルでタイトなコモンズであれば，「コモンズの悲劇」は起こらないことになる．

◇

　最後に井上は，伝統的な焼畑が変容したのは，それが「ルースなコモンズ」だったからだと結論づける．衝撃的な結論である．

Part 5
科学技術の倫理

『危険社会』

ウルリヒ・ベック
法政大学出版局，1998年

▼現代の環境問題に対する最も包括的で重要な研究書

　環境問題に関する本は山のようにあるが，その中から最も重要な本を1冊挙げるようにと言われたら，私は本書を選ぶだろう．本書は全ページに線が引けるくらい重要な論点が詰まった本である．

　本書の著者ウルリヒ・ベックは，現代ドイツを代表する社会学者である．原書はチェルノブイリ原発事故と同時期に刊行され，その後，大きな影響力をもった．

　本書は，現代社会を危険（リスク）社会と規定して，その特徴をさまざまな角度から分析している．第一部は危険をめぐる社会学である．第二部では，階層と階級，家族，生活情況と生き方のモデル，職業と労働について論じられている．第三部は「自己内省的な科学化」をキーワードにした科学論と，「サブ政治」をキーワードにした政治論である．このうち第一部は，現代的な環境問題に対する考察として読むことができる．

　第一章の内容は，著者自身により，五つの命題にまとめられている（28-31）．以下ではそれぞれを短く紹介する．

　①危険の定義．最初は危険をめぐる知識の中だけにあらわれ，その中で加工されていく．その限りで，危険は社会的に定義される．

　②平等と不平等．ある階層や階級に危険が集中するという面と，全員が平等に危険にさらされているという面がある．同時に，危険は新たな国際的不均等をつくり出してもいる．

　③経済．危険はビジネスになる．危険は経営者が捜し求める無限の需要となる．

　④社会．危険状況においては，意識が存在を決定する．知識は新たな政治的意味を獲得する．

　⑤政治．危険社会では，これまで非政治的なものだったものが，政治的なものとなる．例外的な事態が正常な事態となる恐れがある．

　第二章もテーマはほぼ同じだが，許容値について論じられている部分が一つの読みどころである．以下では，第一章，第二章のなかから重要な記述をいくつか

引用する.

◇

　まずは，危険の科学化と専門化の指摘
である.「危険を危険として「視覚化」
し認識するためには，理論，実験，測定
機具などの科学的な「知覚器官」が必要
である」.この種の危険については，「専
門家の判断やミスに完全に身を委ね，専
門家の論争の展開を見守るより他はな
い」(35-36).ここで注意すべきは，「生
きるに値する生活への侵害が，数値や数
式に圧縮され表現されている」点である.
そこでは，「危険の存在自体を信じるこ
とが必要となる.危険そのものは数値や
数式の形では，身をもって感じることが
できないからである」(38).

　また，以下の記述は危険社会の特徴を
端的に記している.「危険状況では，た
だの日常生活の事柄が，ほとんど一夜の
うちに「トロイの木馬」のような変貌を
とげる.その馬から危険と危険の専門家
たちが，どっと繰り出す.そして，争う
ようにして何が危ないか，何が大丈夫か
を告げるのである」(82).

　「危険社会では，不安や不確実性とい
かにかかわるかが生活経歴上や政治上も
文明社会に生きるための重要な資格とな
る.そして，資格取得に求められる能力
を育てる専門教育が教育機関の重大な任
務となる」(122).

　危険は社会的概念であるとともに倫理

にもからんでくる.「危険について述べ
る場合には，われわれはこう生きたい，
という観点が入ってくる」からである
(90).

　その他，因果関係の推定，科学的な合
理性と社会的な合理性のずれ，高度に細
分化された分業体制の問題，危険と予測
との関係，「潜在的副作用」という言葉
による危険の正当化など，話題は多方面
にわたっている.

◇

　環境倫理学にとって重要な箇所は，第
二章の結論部分である.著者は，「自然
はもはや社会なしでは捉えられず，社会
はもはや自然なしには捉えられない」と
して自然と社会の対決の終焉を宣言する.
「自然から独立した自律した社会」はな
く，自然は「社会内部の自然」である.
「環境問題は社会の外側の問題ではなく，
徹頭徹尾（発生においても結果において
も）社会的な問題なのである」(128-
130).

　ベックは福島第一原発事故を受けてド
イツに設置された原子力に関する「倫理
委員会」のメンバーにも選ばれ，脱原発
を提言するなど最近まで活躍していたが，
2015年1月に亡くなった.

『環境リスクと合理的意思決定』

クリスティン・シュレーダー゠フレチェット
昭和堂, 2007年

▼環境倫理学の開拓者によるリスク論の名著

　シュレーダー゠フレチェットは, 日本では『環境の倫理（上・下）』（晃洋書房）の編著者として知られている. この本の中に, 彼女は「世代間の公平」と「宇宙船倫理」に関する自らの論文を収めている. この二つは加藤尚武が挙げた「環境倫理学の三つの基本主張」のうちの二つ（世代間倫理, 地球全体主義）にほぼ対応し, そのこともあってこれらの論点は日本でも非常に有名なものとなっている.

　しかし, それらの論点は, アメリカの環境倫理学では, どちらかというと傍流に位置づけられてきた. アメリカの環境倫理学の主流は「自然」や「生態系」の価値や権利をめぐる議論（加藤の言う「自然の生存権」）であり, シンガーやキャリコットの議論が, 各々の立場を代表するものとして, 主に注目されてきたのである.

　さらに, シュレーダー゠フレチェットの「世代間の公平」や「宇宙船倫理」に関する論文は, それほどインパクトのある内容でもなく, それらの論点はヨナスや加藤によって深められたといえる.

　むしろ彼女の本領は, 原子力発電や科学技術のリスク, あるいは環境正義に関する考察にある. 原子力発電については長年にわたり継続的に論文を発表しており, 自身のホームページでも公開している. 環境正義については『環境正義』という大著がある（未邦訳）. 本書は, そんな彼女の, リスクに関する代表的な論考である.

　では内容を見ていこう. まず彼女は, リスクに対しては現在, 大きく二つの見方があるという.

　一つは「素朴実証主義者」の立場であり, 彼らはリスクを純然たる科学的事実と見なし, 単一のリスク評価を客観的なものとする.

　もう一つは, 「文化的相対主義者」の立場であり, 彼らはリスクを社会的に構成されたものと見なし, 科学的な事実というよりは, リスクを語る人々の価値観

Part 5　科学技術の倫理

の問題であるとする．

　このように整理したうえで，シュレーダー＝フレチェットは，その両方を「還元主義」として批判し，それらの中道を進むものとして，「科学的手続き主義」を提唱する．そこでは，評価者によって異なる複数のリスク評価の体系があることを積極的に認める立場であるが，だからといって価値相対主義に陥るのではなく，客観的な評価基準のもとでの論争が可能であるという立場である．

　このようなバランスのよい視座から，現在のリスク評価者たちが用いている諸戦略の問題点を抉り出す．すなわちリスク評価者たちは，
①専門家の判断を客観的と見なして素人の判断を過小評価する，
②確率論を用いてリスクを量的にのみ規定する，
③功利主義に依拠して社会的な公平性を犠牲にする，
④製造者のリスクを最小化することで消費者にリスクを押しつける，
⑤空間的な分離主義をとり第三世界にリスクを押しつける，
という五つの問題点をもっている．それらを批判した上で，彼女は，「科学的手続き主義」に則って，倫理的な重みをつけた複数のRCBA（リスク費用便益分析）を用いることを提案し，その上で法令の改革とインフォームド・コンセント，そして交渉の必要性を説いている．

　リスク論という分野は，日本では比較的最近になって議論が活発になったが，シュレーダー＝フレチェットは1991年（原著刊行年）の時点でこのような包括的なリスク論の入門書を書いており，日米の議論のタイムラグを痛感させられる．

　あらためて本書の要点を述べれば，本書は，リスク評価が一義的なものではないことに注意を向けるとともに，ある程度の客観性をもったリスク評価の必要性を訴えた書物と言える．

　その際に，リスクを数値化することは，リスクを一義的なものにするのではなく，他との比較を可能にするために行われる．本当は数値化できない多義的なリスクを，便宜的に数値化することによって，ある程度の客観性を保ったリスク評価が可能になるのである．

　本書はウルリヒ・ベック『危険社会』に並び立つくらいの豊かな内容をもっている．大部であるが文章は平明であり，時間さえかければ通読できるはずである．完読に挑戦して損はない本である．

『公共のための科学技術』

小林傳司編
玉川大学出版部, 2002年

▼環境倫理学にも示唆を与える科学技術社会論 (STS) の名著

応用倫理学の基本的な問いは, 科学技術の発達によって生じた新しい倫理問題に対していかに応答すべきか, ということである. したがって生命倫理学であれ環境倫理学であれ, 科学技術に関する倫理学という側面をもっている. 実際に,「科学技術倫理学」という枠組みも存在し, その中で生命技術や環境問題について議論がなされている.

同様のことは,「科学技術社会論」(STS) にも言える. STSの中でも生命技術や環境問題について論じられており, その中には, 生命倫理学や環境倫理学に含まれるべき議論もある. ここで, STSの論文集である本書を取りあげたのは, その中に環境倫理学にも示唆を与える論点が含まれているからである.

本書は「理論編」(1〜3章) と「事例編」(4〜12章) から成る.

1章 (小林傳司) は, 本書の基調をなす論考である. ここでは,「科学的合理性」と「社会的合理性」の不一致という

問題が提起される. 科学者による「因果関係の厳密な確定」と「不確実な事柄を断定しない」という知的禁欲を伴った「科学的合理性」は, 公害の場面では被害者の救済を阻む論理となった. その結果, 被害者の側に立った「疫学的証明論」というもう一つの「科学的合理性」が登場し,「社会的合理性」の見地から,「科学的合理性」を選択するという事態に至ったという.

また, 科学技術の社会的影響を考えると, 科学研究に対する「公共の福祉」の観点からの強い規制や, 科学技術をめぐる公共的討議空間の構築が必要になってくるという.

2章 (藤垣裕子) と3章 (木原英逸) では, 1章の問題提起をさまざまな角度から追究される.

「事例編」の内容は多岐にわたる. 4章 (松原克志) は,「科学的合理性」と「社会的合理性」の不一致を「無人速度取り締まり機の証拠能力」を例に論じて

いる.

5章（平川秀幸）のテーマは「リスク知識政治」である．現代社会では，「リスク解析」が重要な政治テーマになっている．何をリスクと見なすか，リスクと比較考量する便益とは誰にとっての便益なのか，などの社会的・政治的判断が深く関わっているからである．

6章から9章までは，「公共空間の創出」がテーマである．6章（廣野喜幸）では，「吉野川第十堰可動堰化問題」における「住民投票」の事例が検討される．ここでは，「公共事業」をめぐる行政と専門家の科学／技術による決定が，民主主義を否定する契機をもっている点が指摘される．吉野川の住民投票は，高木仁三郎の「市民科学」構想によって「科学武装」された市民によってなされた．そのことによって，いわゆる「衆愚政治」的状況をも回避できたという．

ここでの「市民科学」と同様の役割を担うものに，7章（小林傳司）で紹介されている「コンセンサス会議」や，8章（平川秀幸）で紹介されている「サイエンスショップ」がある．

9章（藤垣裕子）では，藤前干潟埋め立て事業に関するアセスメントにおいて，事業者とNGOのデータの取り方に差異が見られたことに注目する．その際，NGO側は「現地で経験してきた実感と整合性をもってこれを判断した」という．このような現場の勘は「ローカルノレッジ」と呼ばれるが，このような「ローカルノレッジ」の表出を助けるのが「現場科学」としてのSTSであるという．

10章から12章までは「知識の生産・所有・消費の諸相」がテーマである．10章（調麻佐志）では，「Linux開発」が，11章（大塚善樹）では，「ゲノム特許」などの「プロパテント（知識財産権重視）政策」が，12章（林真理）では，「遺伝子組み替え作物のリスク情報」が取りあげられている．

最後に，本書全体の主張を3点にまとめてみたい．第一に，科学技術を実在主義的で非社会的なものと捉えるのではなく，構成主義的で社会的なものと捉えること．第二に，科学技術を市民に開かれたものにすること．第三に，専門家による意思決定によって形骸化されつつある民主主義を実質的なものにすること，この3点である．

これらは環境倫理学にも関わりのある重要な論点である．本書で挙げられる事例の中に公害や環境改変が含まれているのは決して偶然ではない．

『科学は誰のものか』

平川秀幸
NHK出版生活人新書，2010年

▼科学技術社会論研究（STS）のアプローチを分かりやすく紹介

本書は科学技術社会論研究（STS）のアプローチをコンパクトに紹介した本である．平易な文章で，重要な言葉はゴシック体で書くなど，読みやすさを意識したつくりになっている．

第1章では1970年の大阪万博以降の40年間における科学技術のイメージの変化が論じられる．

第2章のテーマは「ガバナンス」である．統治ではなく「ガバナンス」という言葉が使われるようになったのは，従来の「統治者」であった政府の力だけでは社会問題に対応できなくなったからだと著者は言う．政府だけでなく，民間企業やNGO/NPO，ボランティアの個人やグループといった多様なアクターがネットワーク化し，ときに協働し，ときに競い合いながら公共的な問題解決を図るのが「ガバナンス」なのだ（46-47）．

科学技術の分野では，リスクコミュニケーションのあり方が，一方向的なものから双方向的なものに変わってきた点に，ガバナンス化を見ることができる．また，参加型テクノロジーアセスメント（コンセンサス会議，市民陪審，シナリオワークショップ）の普及もガバナンス化を表している．それを加速させたのはBSE問題と遺伝子組み換え作物の安全性問題だったという．

以下，第3章では「科学の不確実性」が論じられる．第4章では，バイオテクノロジーによる農業近代化を狙った「緑の革命」の顛末が記される．第5章では，遺伝子組み換え生物を例にしたリスク論が展開される．

本書の白眉は第6章である．著者は，環境や食品安全などの社会問題について「自分たちに何ができるか」を学生レポートの課題として出したところ，「一人一人の心がけが大切です」という類の答が多かったことを問題視する．

そこからアル・ゴアの映画『不都合な真実』の日本版広報における「不自然な省略」の話に移る．

平川は次のように書いている．映画の英語版広報にあるバナーにある "Political will is a renewable resource"（政治的意志は再生可能な資源である）が日本語版にはないことや，英語版の TAKE ACTION（行動しよう）の中にあった Help bring about change LOCALLY, NATIONALLY AND INTERNATIONALLY（地域で，国レベルで，そして国際的に変化を起こすのを手伝いましょう）という項目が，日本語版では省略されていることを指摘する．

これについて，「要するに日本での『不都合な真実』の広報サイトからは，社会的アクションにつながるメッセージがごっそり省略され，個人単位の行動しか見えてこないのだ」．「まるで，社会的あるいは政治的なアクションを起こすことは，この社会ではタブーであるかのよう」だと平川は評する．学生のレポートもそんな社会を反映しているのだろう．しかし平川は，そのような「一人一人主義では世の中は少しも変わらない」と喝破する．「一人一人主義では無力感を深めもするし，自己満足に終わる可能性もある」(198-199)．

ではどうするか．平川は「一人一人から協働と公共空間へ」，「知ることとアクションの連動へ」の二つを軸にしたチャートをつくり，個人的関心からソーシャルイノベーションまでの道のりを描いて

いる (201)．ぜひ実際に本書のチャートを見てほしい．

◇

第 7 章では，「素人がある必要に迫られて専門性を身につけ，プロの専門家と渡り合うほどになる事例」が紹介される．ただし，その場合の素人とは問題の「当事者」であり，彼らが身につけた専門性は職業的な専門家の専門性とは異なる．そうした当事者ならではの専門性は，「科学が問わない」あるいは「科学が問えない」問いに基づいているからこそ，専門家や政府を動かしうる．つまり「科学者ではないがゆえに湧き上がってくる疑問を口にすること」が，我々が科学技術ガバナンスの中でできることなのだという (225-228)．

◇

本書では，科学技術問題や環境問題に限らず，社会問題一般に対して市民は何ができるのか，という大きな問いに対する一つの解答が示されている．市民参加や協働を掛け声だけに終わらせずに本気でやるならば，本書で提示されているような具体的な仕組みを取り入れることが必要になるだろう．学生や NPO 関係者，また自治体職員にも薦めたい本である．

『核兵器のしくみ』

山田克哉
講談社現代新書, 2004年

▼原爆と原発のしくみを文系にも分かるように平易に解説

　このブックガイドで本書を紹介するのは奇妙に思われるかもしれない．本書は核分裂のしくみから始まって，原爆や原発のしくみを淡々と解説する本であり，社会的・倫理的な示唆がほとんどないからだ．しかし，核技術が国際政治や地域社会までを左右する時代において，核に関する技術的知識をもたずに済ませるわけにもいかないだろう．本書は，難しい数式などを使わずに，原爆や原発のしくみについて平易に解説してくれる，得難い本である．

　◇

　序章では，原爆も原発も「核分裂連鎖反応」という物理現象をもとに成り立っている点で同じである，という話から始まる．「原子力発電所を持っている国は，核兵器を作る潜在能力もある」(8)．著者は，核兵器や原発について議論するには科学的な原理を知っておかなくてはならないので，一般市民に原子力の知識を深めてもらうために本書を執筆したと言う．

　◇

　第一章は，固体・液体・気体の違いから，原子の構造（陽子・電子・中性子），核力，質量数，同位元素といった基本的な事項が解説される．これらを知らないと以下の記述も理解できないだろう．

　◇

　第二章は，ウラン爆弾についての解説である．

　ウランの核に中性子をぶつけることによって核分裂が起こり，そのとき放出される中性子がウランの核にぶつかる，ということが連鎖的に続くなかで，大量のエネルギーが放出される．これが原爆と原発のしくみである．

　天然ウランの99.3％はウラン238であり，ウラン235は0.7％含まれている．「ウラン濃縮」とは，核分裂を起こしやすいウラン235の含有率を高めることを指す．

　その後，電磁波の解説，放射線（アルファ線，ベータ線，ガンマ線，中性子線）の解説，原爆の「死の灰」の中身の

解説などが続く.

◇

第三章では，原子炉のしくみが解説される．原子炉を作動させるには，核分裂連鎖反応がゆっくり起こるようにすればよい．そのためには中性子を減速させる必要がある．その「減速材」として使われるのが水である．しかし，減速材はスピードを落とすだけである．原子炉の出力を一定に保つには，中性子を吸収する「制御棒」を出し入れすることによって中性子の数を調整することが必要となる．

ある世代に分裂を起こす中性子数が，その前の世代に分裂を起こす中性子数と同じになったときに，原子炉の出力が一定になる．このとき原子炉は「臨界」に達したという．

◇

原爆は100％近くまで濃縮したもの（ほぼすべてウラン235）だが，原発は3〜5％の濃縮である（残りはウラン238）．ただしウラン238は，ウラン235から発生した熱中性子を吸収して最終的にはプルトニウム239になる．プルトニウムは原爆の材料になる．

そこでプルトニウム239を有効に使う計画として「プルサーマル計画」が持ち上がった．それは，ウランと混ぜてMOX燃料として原発に再利用しようというものである．

◇

第四章は，主に核燃料再処理についての説明である．

「高速増殖炉」は，MOX燃料に高速中性子をぶつけ，核分裂を起こさないままプルトニウム239を生成・蓄積する．燃料を使いつつ燃料が増えていく夢の方法とされるが，発電の際に熱を伝える液体状の金属ナトリウムが化学変化を起こして事故になる恐れがある．

「劣化ウラン弾」はウラン238を固体化したものであり，発射された後にアルファ線を放出する点で核兵器であると著者は断言する．

「使用済み核燃料」は，分裂片が蓄積されている燃料棒の入った被覆管のことを指す．ここから核分裂を起こしていないウラン235やプルトニウム239を取り去った後に残ったものが「放射性廃棄物」である．

◇

以下，第五章はプルトニウム爆弾のしくみ，第六章は水素爆弾のしくみの解説である．水爆は核融合を利用したものであり，放射線は出さないが中性子を出す．しかしその中性子が人体に吸収されると体内で放射線を出すことになる．その後，中性子爆弾，レーザー水爆の解説と，核融合発電の解説が続く．全体として，文系にもよく分かるように解説されている．

『原子力発電』

武谷三男編
岩波新書，1976年

▼1970年に原子力発電の特徴と問題点を指摘した古典的文献

　武谷三男は高名な物理学者であり，戦後の原子力問題研究の第一人者でもある．本書は1972年に武谷がつくった「原子力安全問題研究会」の人々が分担して書いたものだが，最終的には武谷の意見で全体が統一されたという．

　第Ⅰ章と第Ⅱ章は，原子力発電のしくみの解説と，放射性廃棄物（死の灰）の問題についての論評である．技術的な解説については難しい部分もあるので，山田克哉『核兵器のしくみ』を先に読んでおくとよいだろう．

　また，放射性廃棄物の処理方法がないという，「この困難があることをはじめから知っていながら，現実となって目の前に立ちはだかるまで，積極的な解決策は日本ではほとんど何も求められていなかったのだ」というのは，今でも通用する言葉である（31）．

　第Ⅲ章は「許容量」についての考察である．放射線の許容量は時代とともにどんどん小さくなっている．当初は急性障害にだけ目が向けられていたが，次第に晩発性の障害や遺伝障害についての知見が広がり，「しきい値」の設定が困難になってきたからである．低線量であってもそれなりの害があるとなると，「有害，無害の境界線としての許容量の意味はなくなり，放射線はできるだけうけないようにすることが原則となる」（71）．

　ここで武谷が唱えた「がまん量」が登場する．「許容量とは安全を保障する自然科学的な概念ではなく，有意義さと有害さを比較して決まる社会科学的な概念であって，むしろ「がまん量」とでも呼ぶべきものである」（71）．つまりレントゲン撮影などはメリットもあるので被曝を「がまん」できるが，何のメリットもない被曝は「がまん」する意味がなく，単なる危害であるということだ．許容量に関しては今でも論議が続いているが，この「がまん量」という言葉は問題の本質を突いている．これに関しては，武谷三男『原水爆実験』（岩波書店）でも考

察されているので一読を薦める．

第Ⅳ章は原発事故の考察である．ここには，原発事故が起こった場合に予想される放射線被曝のプロセス（放射性煙霧，吸入，農作物への吸着，土地汚染）が書かれている．今読むと，この通りに事態が進行したことを思い知らされる．放出されたヨウ素，ストロンチウム，セシウムが人体にどう影響するかも簡潔にまとめられている．

第Ⅴ章では原発の立地について論じられる．「大型原子炉は人里遠く離れた所におくほかはない．距離というものが何よりの安全装置となる」（115）．また，原子炉事故災害の確率を計算した「ラスムッセン報告」が検討される．

第Ⅵ章は当時の日本の原発のようすが描かれている．この時点でも小さな事故がたびたび起こっていることが分かる．また，故障の際には修理に当たる従業員が被曝すること，また現場作業は臨時工に押しつけられること（被曝労働），原発が特定地域に集中していること（立地をめぐる環境不正義），プルトニウム蓄積の諸問題など，今に続く話が満載である．

第Ⅶ章は「核燃料サイクル」の解説で

Part 5　科学技術の倫理

ある．高速増殖炉を使えば，使った燃料よりも多くの燃料を作り出せるとされる．しかし高速増殖炉の運転と，プルトニウム精製を目的とする核燃料再処理は，事故や放射能漏れの危険性が高く，最後に残る「死の灰」の始末もつけられていないというのが現状である．

第Ⅷ章では，最後に「原子力三原則」についてのコメントがある．「原子力三原則」は，1954年に日本学術会議が決議した「公開」「民主」「自主」という三つの原則を指す．これは「原子力基本法」にも盛り込まれた．武谷の立場は，この原則のもとに，「自主」的な技術開発をつみあげていくというものである．そして武谷によれば，原子力行政を最も毒しているのは「公開」の原則を無視した秘密主義である．また「民主」も踏みにじられ，「政府や業界に都合のよい科学者，技術者だけが委員会に採用され，かれらの見通しは常に間違ってきた．正しい見通しをもってこれまでのやり方を批判してきた人は外されたままである」（202）．今でもこの状況は変わっていない．本書の内容が古びていないのが残念である．

75

『原発事故はなぜくりかえすのか』

高木仁三郎
岩波新書, 2000年

▼原発事故が続く原因を, 倫理や「公」の意識の欠如に求める

　高木仁三郎は, 日本の反原発運動の中心人物であり, 市民科学の推進者であった. 本書は, 高木が亡くなる直前に病床で残した原稿である. 本書の背景には, 1999年9月のJCO臨界事故がある. 高木はこれを1995年12月の高速増殖炉「もんじゅ」のナトリウム漏れ事故, 1997年3月の東海再処理工場の火災爆発事故に続く流れにあると位置づける.

　第1章と第2章は,「三ない主義」についての考察である.
　チェルノブイリ原発事故以来,「原子力安全文化」が唱えられ, 安全第一が叫ばれているが, 著者は, 原子力がどう文化として根づいていくかといった議論はなく, 商業機密が優先されるなど経済第一になっている, と批判する.
　「原子力村」については,「お互いに相手の悪口を言わない仲良しグループで, 外部に対する議論には閉鎖的で秘密主義的, しかも独善的」であり, そこに日本企業の特徴である「何か会社の経営サイドのほうの思惑だけがあって, 技術的な基盤がそれに伴わない」,「企業の中で人が徹底した議論をやらない」という特徴が加わる (40). それを著者は「議論なし, 批判なし, 思想なし」の「三ない主義」と呼ぶ.
　日本の原子力産業は, 政府によって上から押しつけられた形で始まったので, 政府の公式見解に皆が従うことになっている. そこでは, 技術者が自分の頭でものを考えることを要求されない. そのことによって「三ない主義」が貫徹される, と著者は言う (59-60).

　第3章では, 放射能に対する化学屋と物理屋の比較がなされる.
　著者は放射能を自分の手で扱う化学屋であったが, それに比べて, 原子力開発の主流である物理屋は, 数字の上, 計算上でしか放射能を扱っていないとする. そのため「計算で見積もるよりも放射能は漏れやすい」ことが分かっておらず,「放射能に関する基本的な取り扱いとい

Part 5　科学技術の倫理

うものが原子力産業の中で確立していない」という（95）.

◇

第4章は，公（パブリック）がテーマである．それは「人間の持っている，個人を超えたある種の普遍性」を指し，そのような「公」の意識の欠落が事故の根本原因にあると著者は考える（98）.

現代の技術は社会にいろいろな影響を与えているので，技術者は「自分のしていることが公共的にどういう意味を持つのかを，十分に考えて行動する必要があった」（104-105）．しかし，「原子力の名において技術者の主体性がそがれるようなプロセスがある」ので，個人の責任が問われず，主体的に考えることをしない習慣が身についてしまうという（115）.

また著者は，役人たちが，公益性を定義するのは国家の側にあり，民間の側がこれに異を唱えるのは公益に反する，と言ってくることに対して苦言を呈している.

第5章では，原子力産業において自己検証が十分になされてこなかったことが指摘され，アカウンタビリティーの徹底が求められる.

◇

第6章と第7章は技術者倫理の問題を扱っている．1970年代から原子力産業は「事故隠し」を続けてきたが，1990年代に入ってデータの捏造や虚偽の報告など，

より積極的な不正が行われている．著者は，データの捏造や改ざんは技術者の基本的な倫理が問われる根本問題だと強く批判する．また，コンピュータ・シミュレーションでシステムを作る時代には，リアリティの感覚が薄まり，倫理的なバリアが働かなくなっているのではないかと著者は言う.

第8章で著者は，安全は技術の中に本来内蔵されてあるべきで，「あらゆる場合に，自然の法則やおのずと働いているさまざまな原理によって，人為的介入がなくても，事故がおさまるようなシステム」を基本に置くことを提唱する（178）.

◇

本書の次に，著者の『原子力神話からの解放——日本を滅ぼす九つの呪縛』（講談社）を読むことを薦める．この中で著者は，原子力に対する人々の誤った理解を九つ挙げている．原子力は①無限のエネルギー源である，②石油危機を克服する，③平和利用できる，④安全である，⑤安い電力を提供する，⑥地域振興に寄与する，⑦クリーンなエネルギーである．および⑧核燃料はリサイクルできる．⑨日本の原子力技術は優秀である．これら九つはすべて誤りである.

『無責任の構造』

岡本浩一
PHP新書，2001年

▼JCO事故の調査にあたった心理学者が「無責任」の構造を暴く

　本書は三つの点で有益な本である．一つ目は，1999年9月30日に起こったJCO臨界事故の原因がよく分かるという点である．二つ目は，社会心理学の有名な実験や理論を知ることができるという点である．三つ目は，日本の組織の「無責任の構造」の中で社会人として生きていくための処方箋を得ることができるという点である．

　著者の専門は「リスク心理学」であり，その立場からJCO臨界事故の事故調査委員を務めた．第一章では，その時の経験に基づいて，事故の背景にあるJCOという組織の無責任の構造を暴いている．

　この事故は，INESの基準でレベル4の深刻な事故であり，作業員2名は重篤な被曝をし，治療の甲斐もなく亡くなった．事故の直接の原因は，作業員がバケツでウラン溶液をタンクに入れたためである．このような事態がどうして生じたのか．著者によればその背景には製造工程の度重なる変更がある．それは明白な違反行為なのだが，当時の科学技術庁には報告されなかった．製造手順の変更は会議で決定されたが，議事録が二つ作られており，科技庁向けの議事録からは工程変更の部分が削除されていたという．このようなことが長年反対もされずに続いてきたのは「無責任の構造」以外の何物でもないと著者は言う．

　第二章は，社会心理学の知見を活かした「無責任の構造」の分析である．

　第一に，「同調」のメカニズムが，アッシュの実験を通して説明される．第二に，「服従」のメカニズムが，ミルグラムの実験を通して説明される．人はこんなにも簡単に同調し服従するのかと驚く．

　第三に，フェスティンガーの「認知的不協和」の理論に基づいて，価値観が内面化されるプロセスが示される．この理論から，仕事の報酬が低い，あるいは罰が弱い場合のほうが，価値観が内面化されやすいという結果が生じる．組織の中で問題提起をしても，「時間の経過」，

「間接的な方法」,「ひかえ目な報酬」によって,知らないうちに「無責任の構造」の手先になっていくというのは凄い話である.

第四に,他者の中に入ることによる社会的促進と社会的手抜きについて説明される.集団の意思決定の方がリスキーな決定をしがちだという分析結果は肝に銘じておくべきだろう.

第五に,人はフレーミングにつられて合理的でない判断をしがちであるということがテスト形式で示される.

第三章では,権威主義的人格の病理が示される.ファシスト的傾向,教条主義,因習主義,反ユダヤ主義,自民族中心主義,形式主義,これらはすべて権威主義である.権威主義的な人は,複雑なものごとの認知能力が欠如しており,「あいまいさへの耐性」がなく,二分法的に強く割り切る認知方略をとる,という分析は明晰である.

次に,職場の権威主義的風土の問題性が分かりやすく示される.「会社人間になれ!」,「前例がない」,「営業の奴らに一泡吹かせてやれ!」,「それでも○○社の人間か!」.これらは全部権威主義であり,あいまいさが受け容れられない職場風土であるという.

最後に「属事主義」と「属人主義」という著者の造語が登場する.日本の職場の多くは属人主義であり,企画の内容よりも誰がやるかが重さを持つ.属人主義の職場は忠誠心を重く見る,「鶴の一声」で物事が決まったりひっくりかえったりする,些細なことにも報告を求める,犯人探しをする,オーバーワークを期待し評価するなどの特徴がある.属人主義がダメな理由としては,反対意見が躊躇される,意見の「貸し借り」が起こる,誤りが正しにくくなる,イエスマンが跋扈する,無理な冒険を生むなどが挙げられる.以上から,著者は読者に「属事主義」的な考え方を獲得するよう薦めている.

第四章は,それらをふまえて,属事的な人間が属人的な組織の中で自らの責任を果たしつつどう生き抜いていくかについての自己啓発的な内容になっている.

本書の社会心理学や日本の組織論を,最後に再び原発問題と結びつけてほしかったという気もするが,それは読者自身の仕事かもしれない.少なくとも,本書で紹介された概念をふまえて他の原発関連本を読めば,読者の中で両者がおのずと結びついてくるだろう.

『原発と日本の未来』

吉岡斉
岩波ブックレット，2011年

▼新自由主義的観点から日本の原発について冷静に分析した本

環境問題に関する一般的な知識を得たい場合に，ブックレットを読むのは一つの手である．手軽に読めて，問題の概要を的確に把握することができるからである．工藤父母道『ほろびゆくブナの森』，村井吉敬，甲斐田万智子『誰のための援助』（どちらも岩波書店）といった名著もある．

ここで紹介するのは，原発に関して全市民がふまえておくべき基本的な情報が書かれた本である．著者の吉岡斉は，科学技術社会論の重鎮であり，現在は九州大学の副学長としても活躍している．

ブックレットはその性格上，時事ネタが多くなる．本書が刊行された頃の話題は「電力自由化」への対応であった．それは，これまで政府に保護されてきた電力会社に大きな変革を迫るものである．

本書の特徴を一言でいうと，新自由主義的な観点から日本の原発について冷静に分析した本，ということになる．主張の力点は，自由市場経済では原発は勝負できないという点にある．

第Ⅰ章では，原発に関して「推進派」と「反対派」の対立の時代は終わったとして，総合評価を行い是々非々で判断を下す「中間派」の時代が訪れたという認識が示される．そのうえで著者自身は実質的に「脱原発論者」に近い立場であることが表明される．

第Ⅱ章では，世界の原子力発電が1980年代から停滞を続けていることが語られる．2000年代に入り，アメリカで「原子力ルネッサンス論」が唱えられたが空振りに終わり，欧州でも原発は落ち目である．中国やインドなどの新興国では増設が行われるが，先進諸国の減少分と打ち消し合って，地球全体としては原発の拡大は起こらないだろうと吉岡は予測する．

第Ⅲ章では，日本の原発事業が停滞している姿が描かれる．停滞の理由は，インフラ整備，原子炉の建設，使用済燃料の再処理または直接処分のそれぞれに関

するコストが高いことと，経営リスクが高いことにある．原発の新増設は会社にとって冒険なのである．

第Ⅳ章では，日本の原子力政策の不条理として，「核の四面体構造」（所轄官庁，電力業界，政治家，地方自治体の有力者の四者＋メーカーと研究者）が槍玉に挙げられる．これは今でいうところの「原子力ムラ」に相当する．また「国策民営」という体制も問題である．電力会社は経営責任をとる必要がなく，損失やリスクを政府が肩代わりしてしまうからである．

これを揺るがせたのが1990年からの電力自由化の波である．しかし自由化が進むと電力業界はコストやリスクの面から原発をやめることになる．それを避けるために，2005年～2006年に電力自由化は凍結され，国策民営体制が生き延びることになった．

2010年に民主党政権が行ったベトナムへの原子炉の輸出について，吉岡は強い口調で批判している．官民一体のオールジャパン方式の原発輸出は，社会主義計画的な日本の原子力産業を国際展開するものであり，コスト競争力を有しないなどの理由により，「直ちに撤回されるべき」とする．

第Ⅴ章では，原発と温暖化問題との関係について論じられる．ここで吉岡は，原発は温暖化対策として有効ではないと喝破する．原発を拡大してきた国は温室効果ガスの抑制にも不熱心であり，逆に原発の縮小が進んでいる国の方が温室効果ガスの削減率も高いというのがその証拠である．

日本は1990年から2007年までの間に発電用原子炉は20基ほど増えているのに，温室効果ガスの割合は９％増加している．その原因は，原発の設備利用率の悪さから，結局は石炭火力発電も拡大させたことにあるという．そのうえで吉岡は，温暖化対策に必要なのは原発の増設ではなく，石炭火力発電への罰則措置と，ガスへの燃料転換，そして再生可能エネルギーの導入促進であるという．

本書が刊行されたのは2011年２月のことである．その１か月後に福島第一原発事故が起こり，原発に対する世界の評価は一変する．そのため本書は事故直前の原発業界の動向を伝える歴史文書にもなっている．とはいえ，基本的な論点は現在でも十分通用する．あわせて，事故後に刊行された『新版　原子力の社会史』（朝日新聞社）を読むとさらに理解が深まるだろう．

『科学・技術と社会倫理』

山脇直司編
東京大学出版会, 2015年

▼3.11以降の科学・技術の倫理を問うたワークショップの記録

2011年3月11日以降, 福島第一原発事故をめぐる著作が数多く出版された. 本書もまた, 原発事故を一つのきっかけにしているが, その射程は原子力だけではなく, 現代の科学・技術全体に及んでいる. 本書が広い射程をもちえたのには, 三つの理由がある.

一つ目は, 本書に先立って刊行された池内了『科学の限界』(筑摩書房) の議論をベースにしている点である. 池内はここで, 原発事故によって露呈された現代の科学・技術の「限界」を, 科学史・科学論の知見を駆使してさまざまな角度から論じ, それらの限界をふまえて今後は「等身大の科学」を推進することを提唱している.

本書の第1部は, この池内の議論を基軸とするワークショップ (2013年) の記録である. まず池内が自著の議論をふくらませる形で,「トランスサイエンス問題」と「等身大の科学」について報告し, それに対するコメントと質疑応答へと続く.

ここでの議論のテーマは, 科学の価値中立性, 予防措置原則, 将来世代への責任, 事故の確率論, 科学的不確実性など多岐にわたっているが, 池内も言及しているように詰められていないテーマもあった. それは池内の提唱する「等身大の科学」についてである.

「等身大の科学」とは, いわゆるビッグサイエンスとは逆に, サイズとしても身の丈の対象を扱い, あまり費用もかからず, 誰もが参加できる科学であるという. 池内は, 限界に達した科学に代わって, そのような「等身大の科学」を推進すべきという. そのとき専門家としての科学者はどういう役割を果たしうるのか (鬼頭発言). 限界の後に来るものは「科学」なのだろうか (伊東発言). これらはさらに追究する価値があろう.

二つ目は, 編者の山脇直司のスタンスにある. 山脇は『公共哲学とは何か』(筑摩書房) の中で, 公共哲学の目標と

して，「ある」「あるべき」「できる」を統合することを掲げているが，本書は公共哲学を，科学・技術をテーマにして実践したものともいえる．

現在の科学・技術はどのような性格をもっているのか（ある），科学・技術に社会はどう関わるべきか（あるべき），科学・技術に対して社会はいかなるコントロールが可能なのか（できる）について議論されているからである．

また，キーコンセプトとして「統合」を打ち出したことにも編者のスタンスが現れている．第2部では，専門課程に進んだ学生に「後期教養教育」を行うことの重要性が説かれているが，その背景には，学問のタコツボ化に抗して諸学問を統合することが必要であるという認識がある．

◇

三つ目は，原子力に代表される科学・技術に関して，「社会倫理」という観点からアプローチしている点にある．第3部の山脇と鬼頭秀一の論文を見ていこう．

現在の日本では，倫理というと，社会システムから切り離された個々人の心がけといった印象をもたれがちだが，山脇によればそれは「矮小な倫理観」であり，ドイツのメルケル倫理委員会における「社会における価値判断と価値決定」としての倫理観を日本でも確立しなければならないという．

続く鬼頭論文では，科学・技術に関する倫理的・社会的な問題を，「政策論的な視点」だけでなく「地に這う視点」からも捉えていくことが提唱される．ここで鬼頭は「工学」が「不確実性」を前提として成立していることをふまえた上で，不確実性を社会的にマネジメントする方法として，リスク・マネジメント，予防原則，順応的管理，ローカル知の復権を挙げている．

以上のように，本書では，科学・技術と社会倫理に関する射程の長い議論が展開されているが，同時にそれは現在の喫緊の政策課題に結びついてもいる．

第1部の質疑応答の中で，今田高俊は，自身が委員長を務める学術会議の検討委員会が，高レベル放射性廃棄物を地上施設で暫定保管することを提言したことについてふれているが，これは将来世代への責任を果たすとともに，池内のいう「等身大の科学」に即した管理方法でもあるだろう．

◇

このように，本書で論じられたテーマは相互に関連している．読者は本書から科学・技術と社会倫理を考えるためのさまざまな手がかりを得ることができるだろう．

Part 6
公害と環境正義

『岩波 応用倫理学講義2　環境』

丸山徳次編
岩波書店，2004年

▼公害研究の蓄積に立脚して日本の環境倫理学を再起動

　本書は，「応用倫理学講義」全7巻シリーズの中の「環境」編である．本書の帯には「水俣病から日本の環境倫理学を再起動する」と書かれている．「再起動」の背景の一つには，加藤と鬼頭による導入と展開の後の，日本の環境倫理学が停滞しているという事実もあるだろう．本書では，環境倫理学の平板な入門書や解説書とはひと味違うものが目指されており，2000年代の日本の環境倫理学を代表する本といえる．

　本書の冒頭にある丸山徳次の「七日間の講義」では，近年，欧米の環境倫理学において「ローカルな環境正義」（環境問題をめぐる不公正や差別の是正）が取りあげられていることが紹介される．
　「ローカルな環境正義」が問題になるのは「公害」の場面であるが，日本では公害研究の蓄積があるにもかかわらず，環境倫理学においては論じられてこなかった．そこで丸山は，公害の問題を追究することによって，日本における「応用倫理学としての環境倫理学」を展開しようとしている．

　具体的に，丸山は「講義」の後半部分で，水俣病の事例から「疫学的因果関係」や「汚悪水論」という概念を掘り起こし，それを近年の「予防原則」につなげている．「予防原則」とは，「深刻な，あるいは不可逆な被害の恐れがある場合には，完全な科学的確実性の欠如が，環境変化を防止するための費用対効果の大きな対策を延期する理由として使われてはならない」（58-59）というものであるが，水俣病の経緯をたどると，この概念の必要性を実感的に捉えることができるようになる．

　丸山によれば，「環境持続性」「環境正義」「予防原則」は，今後の社会の原則になるべきものである．これは水俣病という個別事例の検討を経たことによって，単なる一般論の提示を超えた，具体的で説得力のある提言となっている．

　このように，丸山の「講義」は，「実

践的」で「ローカル」な視点からの環境倫理学を展開したものである．このような問題意識は，続く「セミナー」の部分でも一貫して見られる．そこでは，原田正純と遠藤邦夫が水俣病問題を取りあげ，同様のローカルな汚染問題として，鬼頭秀一は所沢のダイオキシン問題を取りあげ，あわせて既存のリスク論を批判的に検討している．須藤自由児は日本のダム問題について，奥田太郎は豊島の産業廃棄物不法投棄事件について論じている．全体として，各論文が丸山の「講義」をうまく補足するものとなっている．

◇

このように，本書は丸山の議論を軸に多様な話題について論じられている．見逃せないのは，セミナーの中に，「環境プラグマティズム」に関する論考が収録されている点である．

アメリカでは，1996年の『環境プラグマティズム』（翻訳準備中）の刊行が画期となって，従来の環境倫理学が環境問題に対して実践的な応答を行い得なかったことを批判して，現場に根差し政策に影響を与えうる議論を行おうとする動きが一つの流れを形成しているが，日本では近年までほとんど注目されてこなかった．

最近のプラグマティズム再評価の流れの中で，「環境プラグマティズム」にも光が当てられるようになったが（岡本裕一朗『ネオ・プラグマティズムとは何か』ナカニシヤ出版，第5章），それまでの間，「環境プラグマティズム」に関する主要な論考とされてきたのが，本書に収録されている白水士郎の論文なのである．白水はそこで，「環境プラグマティズム」を紹介するとともに，鬼頭の議論や里山論一般との共通点を指摘している．

◇

その他，「シンポジウム」では，浅岡美恵（弁護士），木野茂（科学者），原田正純（医師）による，環境問題の現場の経験談を読むことができる．また，巻末の「環境倫理年表」は，水俣病の歴史と日本や海外の環境問題の歴史とが並行的に把握できる構成になっている．さらに環境倫理学にとって重要な文献が年代ごとに記載されており，便利である．

◇

水俣病に関する文献は膨大にある．先述の原田正純の著作群と，宇井純の著作群が基本となるが，石牟礼道子『苦海浄土』（講談社）と緒方正人『チッソは私であった』（葦書房）も読むべき本である．学術論文では表せない世界がそこにある．

『環境正義と平和』

戸田清
法律文化社，2009年

▼環境正義をグローバルに適用した歯切れのよい論考集

　戸田清は，環境社会学と平和学の研究者である．1994年に『環境的公正を求めて』（新曜社）を刊行し，環境をめぐる地球規模の不平等の構造を描き出した．ここで彼は「企業エリートと国家エリート」が引き起こした環境破壊のしわ寄せが，「社会的弱者と生物的弱者」にくるとして，それを「構造的不平等」として提示した．

　これは「世代間倫理」が話題になり始めたときになされた問題提起である．戸田は世代間倫理と同様に世代内倫理も重要だとする．このような現在の世代内での環境をめぐる平等・不平等の問題を，「環境正義」（environmental justice）という．当時はこれに「環境的公正」という訳語が当てられていたが，現在は環境正義で統一されている．

◇

　本書は，2000年代に書かれた環境正義と平和学に関する戸田の論考集である．

　第一章では，ガルトゥンクの平和学の解説から始まる．彼は戦争が「直接的暴力」であるのに対して，飢餓，貧困，環境破壊などを「構造的暴力」と位置づける．これによって戦争と環境破壊がともに暴力であることが示される．そもそも戦争は大きな環境破壊をもたらす．また著者は，戦争の原因が資源浪費構造の維持にあり，それらのことから環境学と平和学の連携が必要になると主張する．

◇

　第二章は，環境正義という言葉が，環境人種差別とセットになって1982年ごろから米国で使われるようになったという話から始まる．有害廃棄物処分場がアフリカ系，ヒスパニック系低所得層の地域社会に立地されることが多い，というのが環境人種差別の典型例である．米国環境保護庁（EPA）には，環境正義の部門があるが，これは国内の政策課題にとどまっている．もしペンタゴンの政策に適用されたら，劣化ウラン兵器の使用も，イラク侵攻自体も許されなくなるはずだと著者は言う．

　また，核開発には地球規模の環境正義

の問題が最も典型的に表れている．核実験による被害は先住民や少数民族などに集中している．そこに南北格差もからんでくる．そこから著者は，環境正義はグローバル正義と結びつけて理解する必要があると主張する．

第三章では，水俣病において食品衛生法が適用されてこなかったことが問題視される．魚介類の摂食を禁止していれば被害は拡大しなかったという．食中毒事件と考えると，水俣病（とカネミ油症）は異常な経過をたどっている．また食品衛生法の軽視は憲法一三条と二五条の軽視でもあるとする．

第四章は，「米国問題」を考えるというテーマである．「米国問題」とは「米国人，特にその支配層の身勝手さが世界を振り回す」という問題である（94）．米国問題への適切な対応が21世紀の人類にとって大きな課題の一つという著者の言葉は，本書を読むと納得できる．また著者は「世界に占める米国のシェア」を19項目にわたって調べている．最後に「9・11事件」の謎についての考察がある．

第五章は，2006年に行われた「原爆投下を裁く国際民衆法廷・広島」の報告である．民衆法廷とは，「強制力は持たな

いが，既存の国際法に照らして，裁かれないままになっている国家犯罪を法学者や法曹が「裁く」ものである」(137)．通常の裁判と同様に，判事団，検事団，アミカス・キュリエ（法廷助言者），告発人などがいる．被告人はローズヴェルト大統領をはじめとする米国の白人男性15人（全員故人）である．経過説明，起訴状，証言，検事団最終弁論などを経て，判決と勧告が言い渡される．

第六章は短い論考集である．平和学習の際に教えるべきこと，劣化ウラン弾に関する基本的事項，ベトナム枯葉作戦の概要，霊長類と暴力について，煙草について，書評集というラインナップである．

その他，用語集，新聞社説の比較，推薦図書など巻末資料が充実しており，初学者にはこの部分も大いに参考になるだろう．

本書は膨大な情報源から重要な事項が手際よくまとめられている．歯切れのよい文体は読みやすい．そして何より，我々が知っておくべき事柄ばかりが書かれている．世界情勢の複雑さに思考停止に陥りそうになったときに読むと，目が覚めること請け合いである．

『公害・環境研究のパイオニアたち』

宮本憲一，淡路剛久編
岩波書店，2014年

▼日本の公害研究・環境問題研究の重要人物たちの評伝

　本書は，戦後日本の公害・環境研究の最前線に立ってきた12人の研究者の評伝である．彼らの研究の舞台は個々の現場であるが，彼らはまた，個々の現場を超えたネットワークを構築している．その中心となったのが，1963年に発足した「公害研究委員会」であり，1971年に創刊された雑誌『公害研究』（1992年に『環境と公害』に解題）であった．本書の「総論」では，宮本憲一が公害研究委員会の50年の歴史を描いている．これは戦後日本の環境運動史でもある．

　「人物編Ⅰ」は，第一世代の5人の評伝である．

　都留重人の評伝は，業績紹介を中心とする．都留はマルクス経済学とケインズ経済学に立脚して，「公害の政治経済学」を提唱した．また，GNPは福祉の内実とは無関係として批判した．公害による医療費や土壌汚染対策費もGNPを増やすことになるからである．

　庄司光の評伝は，『恐るべき公害』（岩波書店）の出版裏話から始まる．これは共著者である宮本憲一しか書けない内容である．庄司は国家や企業のためではなく，市民の健康権のための「生活科学としての衛生学」を確立した環境衛生学者として評価される．

　戒能通孝は，小繋山の入会権裁判の弁護士として知られる（小繋事件）．その後，東京都の公害研究所所長に就任し，公害防止条例の理論を構築する．その理論が綴られた『公害と東京都』は全国自治体から入手希望が殺到したという．

　鈴木武夫は，公衆衛生学者として，大気汚染の研究に尽力した．大気中のNO_2の環境基準を決めるにあたって，後の予防原則と同様の考え方を採用したという．

　四手井綱英は，森林生態学者として当時の林野行政を批判し，自然保護に取り組んだ．「里山」の価値を評価した人としても知られる．評者は四手井の人物像をユーモラスに紹介している．

　「人物編Ⅱ」は，第二世代の7人の評

Part 6　公害と環境正義

伝である．第一世代が既存の分野の専門家であったのに対して，第二世代になると，「現場」の人や，「環境学」を専門にする人が登場する．

田尻宗昭は，海上保安庁の職員として四日市の海水汚濁事件を摘発し，公害の専門家となった．東京都の公害局に移り，六価クロム事件などに取り組んだ．評者は田尻の「海」の側からの視点を高く評価している．また田尻の魅力的な人物像を伝えている．

清水誠は，市民法学の構築を目指した法学者であり，そこから公害法に接近した．特に損害論と過失論について重要な指摘をした．その主張は，弁護士との会話を通じて裁判実務に生かされたという．

宇井純は，最も有名な公害研究者であり，15年にわたる自主講座「公害原論」の開催でも知られる．もとは化学者であり，後半生は汚水処理技術の開発に力を注いだ．評者は，宇井が晩年に行った鬼頭秀一との対談にもふれている．

原田正純は，医師として水俣病患者に出会ってから生涯水俣病の研究を続け，「水俣学」の構想に至る．評者はそれを「被害者に寄り添い続けた崇高な生涯」と評する．

飯島伸子の評伝は，飯島とともに環境社会学を立ち上げた舩橋晴俊が書いている．飯島の研究の足跡を敬意をこめて綴っている．

華山謙は，環境経済学と社会工学の研究者であり，ダムの水没補償に「生活再建補償」を加えることを提案した補償の専門家である．業績の紹介の合間に，評者が本人から直接聞いたという華山の微妙な心情が書かれている．

秋山紀子は，地球化学者であり水資源・水循環・水環境の研究者であると同時に，学際的・国際的なネットワークづくりの功労者として評される．『公害研究』に論文を発表するとともに，その編集幹事としても活躍した．

ここで紹介された人々の多くは，岩波新書などの手に取りやすい媒体で公害や環境問題について平明に解説しており，それらの本の一般市民に対する普及啓発効果は絶大なものであったと考えられる．

最後に付け加えておきたいのは，編者の宮本憲一と淡路剛久もまた，公害・環境研究のパイオニアであるということだ．淡路が阿部泰隆と共著で刊行した『環境法』（有斐閣）は，環境法の標準テキストとして読み継がれている（現在は第4版）．宮本は『恐るべき公害』から公害研究の第一線に立ち，近年，『戦後日本公害史論』（岩波書店）という大著を完成させている．

『環境社会学のすすめ』

飯島伸子
丸善ライブラリー，1995年

▼公害研究を中心に，環境社会学の問題領域を平易に紹介

　飯島伸子は社会学の分野での公害研究の第一人者であり，日本の環境社会学の創始者の一人である．

　飯島は，1992年に発足した「環境社会学会」の会則の「環境に関わる社会科学の発展および環境問題の解決に貢献する」という部分を引用し，「環境社会学会は，従来の社会学が，おおむねは，社会現象に関する解釈の学であって「傍観者の社会学」であったことに差をつけて，問題の解決を志向する「行動する社会学」でありたいし，そうあるべきだとの決意を示した」と説明している（4）．これは「環境プラグマティズム」の問題意識を思い起こさせる説明である．

　本書は飯島が書いた環境社会学の紹介本である．以下では章ごとに内容の一端を見ていく．

◇

　第1章では，日本の環境問題の歴史が語られる．著者はここで，被害はまず職業病・労働災害として発生し，そこから公害・環境問題が引き起こされるという重要な指摘をしている（30）．

　江戸時代の鉱山からの排水による農地の被害も確認されているが，環境問題が増大するのは明治時代以降である．有名な足尾銅山鉱毒事件以外にも，別子銅山，日立鉱山，小坂鉱山でも鉱毒問題が生じている（四大鉱害事件）．

　戦後になると，四大公害病，むつ湾小川原湖開発，三井三池炭鉱爆発災害の他，生活排水や自動車の排ガスによる光化学スモッグといった生活者による汚染も起こる．そこに公害輸出，ODA問題，地球環境問題が加わる，というのが飯島が描く日本の環境問題史である．

◇

　第2章では，英国の環境問題の歴史が語られる．産業革命による工業化と都市化による大気汚染と水環境汚染が中心テーマである．また，湖水地方にあるセラフィールド核燃料再処理工場による放射性物質の海洋投棄と労働者の被爆の問題はあまり知られていないので，この部分は必読である．

Part 6 公害と環境正義

　第3章は,「環境問題の発生の予防や,軽度の損害の段階でとどめる対応がとられにくい要因,あるいは,それを可能にする要因などを,組織や集団の中の個人の役割に焦点をあてて検討」している (103).著者は,足尾銅山鉱毒事件における榎本武揚や田中正造の活動が実を結ばなかったのに対して,自治体レベルの地下水汚染では個人の行動が成果に結びついたことを示している.また戦前には,別子銅山と日立鉱山のように「日本の環境問題史では稀有な,自社努力によって環境問題を解決しようとした企業」があったことを紹介する (121).

　第4章では,学問・技術と環境問題との関係が考察される.著者は,企業や自治体の技術者が汚染の改善に尽力した例を見た後で,学者が問題解決の障害になった例を挙げていく.水俣病では,地域の医学者の研究成果を,首都圏の学者や企業関係者,政府が否定するという事態が起こった.新潟水俣病では患者の認定を行う医学者が行政や企業の事情を考慮してしまっていた.このような研究者集団や技術者集団を分析するのも社会学の役割だと著者は言う.

　第5章では,環境運動が①反公害・被害者運動,②反開発運動,③他国への「公害輸出」抗議運動,④環境保全・環境創造運動の四つのタイプに分類され,特に①と②について詳しい解説がなされる.

　第6章では,「地球環境問題」時代の環境社会学のあり方が論じられる.著者は『成長の限界』や『限界を超えて』のような「大理論」によって環境問題を把握することに批判的であり,マートンのいう「中範囲理論」を援用して,環境社会学には「細部と実証にこだわりつつ抽象化をめざすスタンスが必要」と主張する (213).

　著者によれば,地球環境問題は,「個々の地域での人々の生活が引き起こした自然環境破壊の累積結果として発生」しており,ほとんどの現象の原因は地域環境問題の中に求められるという (215).

　以上から,著者は環境社会学の研究課題として,地域環境問題をめぐる加害―被害関係,不平等と差別,先住民族や地域住民の生活の破壊,被害構造の国際比較などを掲げている.

　本書は全体として,「地球環境問題」時代にローカルな現場に目を向けることの重要性を説いている.その説明は十分納得のいくものである.

『産廃ビジネスの経営学』

石渡正佳
ちくま新書，2005年

▼千葉県の元・産廃Gメンによる「アウトロー」の世界の構造分析

環境倫理学を実践的な学問にするためには，現実の問題を見なければならない．特に「環境犯罪」をどうなくすかについては，きちんと考えなければならない課題である．そこでは実践者の経験に学ぶのが一番であろう．

ここでは，千葉県職員として産業廃棄物の不法投棄の取り締まりに尽力した石渡正佳の著書を紹介する．彼の代表作は『産廃コネクション』（WAVE出版）であり，そこで彼は，穴屋（捨て場の適地を見つけ穴を掘り進行を指揮），一発屋（無許可で産廃を運ぶダンプ運転手），まとめ屋（一発屋を束ねるブローカー），適地をあっせんする地上げ屋，上前をはねる暴力団などの「アウトロー業者」がどのように不法投棄を動かしているのかを丁寧に分析している．また，お金や物も流れがフローチャートで分かりやすく説明されている．

この『産廃コネクション』の出版は，行政の不法投棄対策に大きな影響を与え，千葉県では不法投棄が劇的に減少したという．

本書『産廃ビジネスの経営学』は，著者の経験と分析力を活かして，アウトローがはびこる原因を明らかにし，アウトローをなくすための方向性を示した本である．

アウトローとは，法に外れていることであり，法の隙間や空白を発見して法システムを二重構造化することによって存立する．合法（law）の世界とは，「あたかもアウトローが存在しないかの建前で成り立っている虚構の世界」であり，アウトロー（outlaw）の世界とは，「カタギに迷惑をかけないという美学を偽装して非合法利益を独占する本音の世界」である（43）．この二重性の中で，アウトローはビジネスを成立させるのである．

あとがきには「普通の市民とは違って，お役所は許認可にからんで日々アウトローから干渉を受けている．ところが，相手がまるでアウトローではないかのように対応し，まるでアウトローの干渉など

ないかのように事務手続きが進んでいく．表向き，アウトローに干渉されたことにしてはならないわけである．このダブルスタンダードこそ，アウトローにとっては思う壺である」(196) とある．これは行政マンでないと書けない記述である．

本書の中盤には，警察を結果主義，行政をプロセス主義と特徴づけ，三権分立を市民の「三つの窓口」と見なすなど，政治学の議論としても興味深い箇所がある．

また，市民運動は反対運動ではなくポジティブな運動に転換すべきだと著者は言う．「アウトローにとって怖いのは，市民団体の反対運動ではなく，市民団体と行政が信頼関係で結ばれてしまうことである」(104)．市民派の知事や市長の誕生は，アウトローを撲滅する意味でも喜ばしいことなのである．

さらにアウトローは情報ビジネスであるという指摘も重要である．警察，行政，企業が秘密主義であるほど，アウトローは暗躍できる．そこで鍵になるのはCSRである．それによってコンプライアンスと情報公開が進み，アウトローがつけこむ隙がなくなるからである．

経済学の面から興味深いのは次の記述である．「不法投棄の真実は，悪貨（不法投棄の料金）と良貨（正規処理施設の料金）が共存し，悪貨と良貨の価格差をピンハネする構造にあった」(9)．「アウトローにとっては，市場をいかにして公正が阻害された状態に保つかが問題であり，完全競争状態は，経済的理想どころか経済的死である．二重価格が存在する状態こそが，正常な状態」である．「経済学で市場の失敗と呼ばれているものは，アウトローにとっては市場の成功なのである」(136)．

以上をふまえて，著者はアウトローをなくすために，市場の自由化と情報公開，そしてCSRの構築によって，二重価格を解消し，アウトローが独占してきた仕事にベンチャービジネスを参入させることを提案する (162-164)．そのためには，「厳しい規制と甘い監視」から「自由な市場と厳しい監視」のセットに転換することが必要であるという (199)．

本書では，産廃ビジネスの構造分析をもとに，アウトロー一般の問題と，解決のための方向性が示されている．アウトローを「必要悪」と捉えるのではなく，ベンチャーに転化することによって，前向きな問題解決が図れるのである．

Part 7
自然保護から生物多様性保全へ

『日本の自然保護』

石川徹也
平凡社新書, 2001年

▼1990年代までの日本の自然破壊と自然保護を概観できる本

　本書は，戦後日本の自然保護運動の歴史についての本である．著者は「自然派ジャーナリスト」で，自らの取材体験と，日本自然保護協会（通称 NACS-J）の資料をもとに本書を執筆したという．

　本書は『自然保護のあゆみ――尾瀬から天神崎まで　日本自然保護協会三十年史』（日本自然保護協会）を下敷きにしている．それはきわめて妥当なことだ．なぜなら，日本自然保護協会の活動の歴史をたどることは，戦後日本の自然保護運動の歴史をたどることでもあるからだ．

　また，日本の自然保護運動の歴史をまとめた本は意外に少ないということもある．日本の環境保護運動は，公害に対する運動がメインだった．そのため，「自然保護問題は，環境保護運動史の主役になりにくかった」(16)．このあたりはアメリカと事情が逆である．アメリカでは自然保護運動から始まって，環境保護運動へと拡大していったからである．

　第一章は，自然保護運動の黎明期から環境庁設置までの歴史が語られる．

　戦後日本の自然保護運動は尾瀬から始まる．尾瀬ヶ原を水没させて巨大ダムをつくる計画に対して，植物学者の武田久吉らが中心となり，1949年に「尾瀬保存期成同盟」を結成して反対運動を行った．これがのちの日本自然保護協会の母体となる．

　その後，尾瀬の保護運動は，1970年代に道路工事を中止させるなどの成果をあげ，「自然保護の優等生」といわれるが，実際は尾瀬を取り巻く稜線上の峠までの道路建設は続けられており，それがのちにオーバーユース（過剰利用）を招くことになったとして，著者は厳しく批判する．

　一方，日本自然保護協会は，雌阿寒岳の硫黄採掘問題，黒部渓谷のダム開発問題，熊野川水系の開発問題に取り組んでいく．しかし多くの場合，開発を止めることはできなかった．

　その後，日本自然保護協会は，自然の調査や研究に力点を移すようになり，大

きな成果を挙げていく．国際自然保護連合（IUCN）に加盟して海外の情報を取り入れ，従来の「景観」ではなく，「生態学」に基づいた自然保護の理論を組み立てていった．その調査結果は，国が新たな自然公園や自然保護区を設定する際の重要な資料となったという．

1970年代に入ると，市民の間に自然保護に対する関心が高まり，「自然保護憲章」の制定や「全国自然保護連合」の結成につながった．国レベルでも，1970年の公害国会を経て，1971年には環境庁が設置された．

◇

第二章は，山と森林がテーマであり，世界遺産登録後の白神山地の問題が取りあげられる．その他，森林開発公団によるスーパー林道・大規模林道の問題などが紹介される．また，林野庁の独立採算制の弊害と，1998年の改革について説明されている．

第三章は，川がテーマであり，川辺川ダム建設，長野県の田中康夫知事の「脱ダム宣言」，ダム堆砂問題，八ッ場ダム，長良川河口堰，吉野川可動堰が取りあげられる．このうち吉野川については，住民投票の結果，計画が白紙となった．また，1997年の河川法改正の意義に関する記述は重要である．

第四章は，海がテーマである．埋め立て一般の弊害が述べられ，白保空港，小笠原空港，諫早湾の事例が紹介される．

第五章では，日本の国立公園制度について，日本の自然保護法制と自然保護に関する条約について，海上の森などの里山保全について，自然保護教育について，エコツーリズムについての必要十分な解説がなされている．

本書は『日本の自然保護』というタイトルだが，守られた事例よりも，破壊された事例の方が多く，読後感はよいものではない．しかしそれが現実なのだから仕方がない．1990年代後半に，林野行政や河川行政において改善が見られたことがせめてもの救いである．

本書刊行後の2002年に，『日本自然保護協会五〇年誌』（平凡社）が刊行された．大部だが資料的価値は十分にある．あわせて参考にしてほしい．

注
　本書刊行後，「脱ダム宣言」は後任の村井仁知事によって撤回された．川辺川ダムは現在の蒲島郁夫熊本県知事の反対などにより凍結状態にあるが，計画中止には至っていない．

『自然保護　その生態学と社会学』

吉田正人
地人書館，2007年

▼自然保護の必要十分な知識が得られ，環境倫理学とも近い本

　本書の著者である吉田正人は，保全生態学の研究者であるとともに，日本自然保護協会で環境教育を展開し，国際条約の推進に携わったナチュラリストでもある．本書は江戸川大学での30週の講義や，諸大学での集中講義の内容に基づいているという．そのためか，他に類のないほどに，自然保護に関する必要にして十分な情報がコンパクトにまとめられている．この本を読んでおけば，自然保護に関するほとんどの議論についていけるようになるだろう．また，環境倫理学の立場から読むと，議論がかなり近いことに驚かされる．

　第1章では，保存（P型），保全（C型），自然再生（R型），持続可能な開発，生物多様性といった用語が説明され，日米の自然保護の歴史が語られる．

　第2章では，森林生態系の保全と再生というタイトルで，世界と日本の森林の概要が示される．その後で，戦後日本の拡大造林政策が，白神山地のブナ林保護と，知床のナショナルトラストをきっかけにして変わっていく様子が説明される．具体的には核心地域と緩衝地帯を持った保護地域の設定や，保護地域をつなぐ「緑の回廊」という発想が出されるようになった．また愛知万博をきっかけに「里山」が注目されるようになったことにもふれられている．森林の保全と再生に関する法制度についても要領よくまとめられている．

　第3章では，河川・湖沼生態系の保全と再生というタイトルで，世界の陸水（河川，湖沼，汽水域）の生態学的説明がなされる．そのうえで，河川に関する環境問題として，川辺川ダムと長良川河口堰の問題が解説される．河川・湖沼の保全と再生に関する法制度も紹介されている．

　第4章では，海岸・沿岸域の保全と再生というタイトルで，干潟やサンゴ礁・海草藻場について述べられる．具体例として，有明海諫早湾の干拓，東京湾三番

瀬の再生，沖縄県辺野古の飛行場建設について解説される．

このように，第2章から第4章までは，生態学的説明と政策の変遷の説明がコンパクトになされており，文系も理系も不足しがちな知識をバランスよく補えるようになっている．取りあげられている事例はすべて有名なものであり，それらの概要をあらためて確認するよい機会にもなるだろう．

第5章は，生物多様性についての概論である．生物多様性とは，種，種内，生態系といった複数のレベルの多様性を指す言葉である．本章では，生物多様性の価値として10個の価値が示され，その中に「生態系サービス」が含まれている．ここでは環境倫理学の「自然の価値論」が独自になされている．

次に，生物多様性の危機として，絶滅危惧種の増加が示され，絶滅を防ぐための方策が提案される．そして，種の保存法や，希少野生動植物保護条例，特定外来生物法，自然再生推進法といった法制度の解説もなされる．どれもこれも自然保護に携わるならば知っておかなければならない基礎知識である．

第6章では，国際条約による生物多様性の保全について述べられる．ラムサール条約，世界遺産条約，ワシントン条約，ボン条約，生物多様性条約．この五つの条約の概要を把握しておかなければ，国際的な自然保護の話を理解することはできない．本章では五つの条約の中身が的確にまとめられており，また「生物多様性国家戦略」と「ミレニアム生態系評価」についての簡潔な説明もあるので，初学者には重宝するだろう．「生態系サービス」の概要についても，「4つの未来選択シナリオ」の内容についても，分かりやすく紹介されている．

最終章では「環境倫理」として①世代内倫理，②世代間倫理，③生物間倫理という三つの倫理が示されている．これは加藤尚武のいう三つの基本主張に相当するが，③生物間倫理については，加藤の「自然の生存権」の説明よりもバランスの良い記述になっている．

環境倫理学と自然保護論の交差する地点に関心のある人は，本書を真っ先に読むべきである．また，世界と日本の自然保護の概要について手早く知りたいという人にもおすすめである．さらに詳しく知りたい人は，巻末に列挙されている各種自然保護団体にアクセスするとよいだろう．

『いちばん大事なこと』

養老孟司
集英社新書，2003年

▼脳化社会＝都市社会批判と，「手入れ」の思想の提示

　著者は，『バカの壁』（新潮社）のヒットで知られる解剖学者である．現在では教育論，死生観から，アニメまで語る現代社会のご意見番のようになっている．

　著者の主著の一つに『唯脳論』（筑摩書房）がある．「唯脳論」というと，〈世の中は脳がすべてだ〉と主張しているような印象を受けるが，実際には脳によってコントロールされている社会（脳化社会）を批判し，身体性や自然を取り戻すことが主張されている．身体性や自然を失った社会が脳化社会であり，それは都市社会なのである．

　「身体・自然」と「脳・都市」という対比は，本書でも貫かれている．「「人工」とは意識がつくり出したもので，「自然」とは意識がつくらなかった世界である．自分の体は，意識がつくり出したものではなく，勝手にできたものだから自然に属する」(31)．また著者は，環境問題のはじまりを「都市化」に置いている．環境問題は脳が生み出した問題であり，都市の発生と関係している（81-82）．

　本書の重要なキーワードは「手入れ」である．「手入れ」の思想は，原生自然保護思想と対極にある．「人間と関係を持ってしまった自然にはきちんと手を入れ，自然のシステムを守ってやらなければならない」と著者は言う（102）．

　また，「手入れ」は「コントロール」とも違う．「「手入れ」は相手を認め，相手のルールをこちらが理解しようとすることからはじまる．これに対して「コントロール」は，相手をこちらの脳の中に取り込んでしまう．対象を自分の脳で理解できる範囲内のものとしてとらえ，脳のルールで相手を完全に動かせると考える．しかし自然を相手にするときには，そんなことができるはずがない」(102)．

　ここで著者が述べていることは，保全生態学でいうところの「順応的管理」（adaptive management）に近い．逆に順応的管理とは，コントロール思想を批判して手入れの思想を採用することを意

味しているともいえる.

　本書の後半部分では,「なぜ生物多様性を保護する必要があるのか」という環境倫理学的問題が論じられる. 著者の答は次のようなものである. 時計を分解するのは簡単だが, それをもう一度組み立てるのは困難である. 人体を解剖したあと, 元に戻すのは不可能である. このように「システムは複雑なものだが, それを破壊するのはきわめて簡単なのである. 他方, システムをつくり上げるのは, 現在までの人間の能力では, ほとんど不可能である (中略). だからこそ, 安易に自然のシステムを破壊してはいけない」(112).

　具体的な例として,「トキの絶滅はなぜいけないか」という問いに対して, 著者は次のように答えている. トキが絶滅しても困らないという主張が出てくるのは, その種の絶滅が自分にどう跳ね返ってくるかが見えないからである. 何も起こっていないのは, 自然システムの「自動安定化機構」によるものだ. しかし, 条件によってはトキの減少は深刻な事態を招いていたかもしれない. システムを構成する要素は, システムを維持するためにいつも何らかの役割を果たしている可能性あるので, それをいたずらに減らすのは慎むべきである (117).

Part 7　自然保護から生物多様性保全へ

　本書の最後で, 著者は「参勤交代」を提案している. それはたとえば1年に3か月は田舎で暮らす, 都会で残りの9か月を過ごすということを全員に義務づける, というものだ. 身体という自然を使うことを覚え, 外の自然に触れる. それによって考え方が変わると著者は言う.

　本書の環境倫理学的意義は, 旧来のアメリカ式の人間vs自然ではなく,「身体・自然」vs「脳・都市」の二項対立を提示したことにある. しかし, この二項対立にも落とし穴がある. なぜなら都市の中にも自然があるからだ.

　「都会には, 人間のつくらなかったものは置かれていない. 樹木ですら都会では人間が「考えて」植える. 草が「勝手に」生えると, それを「雑草」というのである」(25). ここでいう「雑草」が生えるということは, 都市の中に人間の意識がつくらなかったものが発生するということである. ということは, 都市の中に「自然」があるということだ. この意味での都市の中の「自然」をどう考えるか, ということも, 都市化社会における環境倫理学の仕事となるだろう.

『生物多様性というロジック』

及川敬貴
勁草書房, 2010年

▼「生物多様性」がシステムを変える理路を明快に提示

2010年10月, 愛知県名古屋市で「生物多様性条約第10回締約国会議」(COP10)が開催された. これまで,「気候変動枠組条約」に比べて,「生物多様性条約」は日本社会にはあまり浸透していなかったが, この会議以降, 徐々に認知度が高まってきたように思われる.

この会議に合わせるように, 生物多様性に関する多くの関連本が刊行されたが, 本書はその中でも出色の出来である. 本書を他の本から隔てているものは, 著者が次のような主張を強く打ち出していることである. それは, 生物多様性は新しいロジックとして, 多数の主体が対話を交わすための社会基盤（プラットフォーム）として機能しており, このように生物多様性が社会に組み込まれたことによって,「静かな革命」と呼べるような法制度上の変化が起こっている, という主張である.

第1章では,「生物多様性」の意味と「生物多様性条約」の内容についての要を得た説明がなされる. また,〈生物多様性はなぜ重要なのか〉を説明する部分で,「国連ミレニアム生態系評価」における「生態系サービス」という考え方が詳しく紹介される（第1節）.

このような動向の紹介をふまえて, 著者は,「生物多様性」は新たな制度を生みだす一つの「価値」であると主張する. そして「生物多様性」という言葉は,「保全」を望む人々と「持続可能な発展」を望む人が共に賛成できるプラットフォームであることが明確に示される（第2節）. この点は本書の独創的な見解の一つとなっている.

第2章では, 生物多様性をめぐる制度論が展開されている. ここで著者は,「生物多様性の確保が, 相互に関連しない多くの個別法によっている」という事実を指摘し, それを著者は, 生物多様性をプラットフォームにして「制度生態系」が醸成されつつあると表現している（第1節）. 続けて, 自然保護に関する法

律が詳しく解説される．また，公害規制法の中にも，生物多様性の保全がうたわれるようになっていることが指摘される（第2節）．その上で著者は，それ以外にもさまざまな法が「環境法化」しているという刺激的な見解を打ち出す．「環境法化」とは，すでにある法律に，改正時に環境配慮の要素が組みこまれたり，最初から環境配慮的な文が明示された法律が制定されたりしていることを指す（第3節）．これが最初にふれた「静かな革命」の具体的な中身となっている．

第3章では，前半で生物多様性に関する近年の動向が紹介され，それらの論述の中で，「予防原則」や「順応的管理」といったキーワードについても説明される（第1節，第2節）．

後半では，アメリカの「環境の司令塔」としての「環境諮問委員会」(CEQ)が大きく取りあげられ，それによって環境問題が「環境保護庁」(EPA)という一省庁の問題に閉じ込められず，省庁横断的に，国家レベルで対応できるようになっていることが示されている（第3節）．この部分は，環境政策に関心のある人は必読の内容となっている．

第4章では，さまざまな国や地域の「生物多様性地域戦略」が紹介される（第1節，第2節）．それらをふまえて，

Part 7 自然保護から生物多様性保全へ

著者は「資源創造」をキーワードに，地域戦略策定のためのヒントを与えている．中山間地域，耕作放棄地，厳冬期，公害の記憶，砂浜のゴミといったマイナスの財も，「資源」となりうるという．

ここから分かるのは，地域戦略の策定においては，他の成功事例の模倣ではなく，それぞれの地域に住む人々が，その地域の特色を掘り起こして，オリジナルなシナリオをつくることが大切だということだ（第3節）．この部分は，生物多様性論を超えて，「まちおこし」や「まちづくり」に関心のある人にも有益な内容といえよう．

以上のように，本書はその手に取りやすい外観からは想像もつかないくらい，骨太で多彩な内容をもった著作といえる．生物多様性に関心のあるすべての人に薦めたい本である．

また本書は，環境倫理学のロジックを実践的に応用しようと奮闘している研究者を勇気づけるものである．ロジックが制度に落とし込まれることによって実際に社会が変わりつつあることが例証されているからだ．

『バイオパイラシー』

バンダナ・シバ
緑風出版，2002年

▼第三世界から先進国に向けられた真っ当なメッセージ

バンダナ・シバ（通常はヴァンダナ・シヴァと表記される）は，インドの著名な環境思想家・運動家であり，第三世界の立場から先進国の「環境保護」の陥穽を衝く発言が注目を集めている．

本書のテーマはバイオパイラシー（生物学的な略奪）である．過去，西洋人は植民化によって略奪を繰り広げてきたが，現在では「特許」と「知的所有権」という名前で同様の略奪が行われているというのが本書の趣旨である．

このことは国際的にはすでに懸念材料になっており，生物多様性条約の第一条にも，「遺伝資源の利用から生ずる利益の公正かつ衡平な配分」を実現せよという形で反映されている．

序章には本書のテーマが凝縮されている．要点を列挙してみよう．西洋社会の「植民地」は，現在では「遺伝情報」にまで及んでしまった．パパアニューギニアのハガハイ族の細胞と，パナマのグアミ族の細胞は，米国商務省長官によって特許化されているという．「世界各地の植物の種子，薬用植物，民間医療の知識などはすべて「環境の一部」と定義され，さらに非科学的であると定義される．それによって，略奪行為が合法化・正当化されるからである」(15)．「非西洋型知識体系が古来から築き上げてきた文化的かつ知的な共有財産は，西洋型知識体系によって着実に消去されつつある」(16)．

第一章では，知的所有権と創造性の関係について論じられる．先進国や企業では，「人々は，知的所有権を通して利潤を得ることができ，それを保証することができるときにのみ，人々は創造性を発揮する」とされるが，しかし，「伝統的な社会や科学コミュニティーでは，アイディアの自由な交換が創造性への重要な条件」なのである (30-31)．

第二章では，遺伝子工学の問題が論じられる．まず倫理的問題としては，生命に固有の価値が見失われ，道具的な価値

しか見出されなくなるという点がある．

次に生態学的・社会経済学的問題として，遺伝子操作された微生物を土壌に加えたときの影響や，除草剤耐性遺伝子が農作物から近縁の雑草に転移すると，除草剤に抵抗性を持つ「超雑草」を作り出す恐れがあることが心配される．

◇

第三章では，「緑の革命」が批判される．本来，種子は能動的なものなのに，バイオテクノロジーの革命は，種子からその稔性（種子を作る能力）と自己再生能力を奪い取る．ハイブリッド品種は，「真の意味での種子をつくらないため，農家は毎年新しい種子を育種会社から購入しなければならない」(101)．

◇

第四章では，生物多様性をめぐる新しい闘争の図式が描かれる．それは「私有」と「共有」との闘争であり，「グローバルな使用」と「地域的な使用」との闘争である．知的所有権制度は，地域固有の知識と共有の知的創造性を侵害する．生物の利用法と価値が地域社会の中ですでに知られている場合には，生物資源開発の契約によって地域社会から知識が奪われる．

◇

第五章では，TRIPs（知的所有権の貿易関連の側面に関する協定）の影響が次の５点にまとめられる．①単一品種栽培

Part 7 自然保護から生物多様性保全へ

が普及する，②農薬による化学汚染が過激化する，③新しい形の生物学的汚染が生じる（スーパー雑草），④他の生物を道具とみなすことで保護の論理がむしばまれる，⑤生物多様性の保護における地域社会の役割が破壊される．育種家・発明者としての農家の権利が侵害される．

◇

第六章では，グローバル化が批判される．「この世界は，もともと多様性を特徴とする世界である．そのような世界でグローバル化を推進すれば，社会にある複数の基本構造を，その自己組織化能力とともに，ばらばらにすることは避けられないだろう」(200)．また，「「グローバル」という言葉は，人類共通の志向を代表するものではない．それは，ある特定の地域の偏狭な志向と文化を体現しているに過ぎないのである」(201)．

◇

第七章では，生物多様性と文化的・知的伝統をめぐる闘争が，インドの非暴力運動の伝統と結びつけられる．ここまで読み進めた人ならば，この結合に納得できることだろう．

107

Part 8
諸学のなかの環境倫理

『生命倫理百科事典』

生命倫理百科事典翻訳刊行委員会編
丸善，2007年

▼「環境倫理」の項目からキャリコットの見解を知ることができる

この事典は，Stephan G. Post (ed.) *Encyclopedia of Bioethics* 3rd. Edition, 2003を全訳したものである．大部なので図書館などで閲覧するとよいだろう．

「環境倫理」の項目の〈概論〉の部分は，J.B.キャリコットが執筆している．小見出しには，人間中心主義，生命中心主義，生態系中心主義，ディープ・エコロジー，エコフェミニズムといった，環境倫理学の基本的な項目が並んでいるが，事典にふさわしい基礎的な知識の羅列を超えて，「全体論的環境倫理学」を提唱するキャリコットの意見が色濃く表れた記述になっている．最後のほうでは多元論批判を展開している．ここは実は論議の的となっている部分である．

事典なのに個人の主張がここまで出ていてよいのか，という気にもなるが，キャリコットはアメリカの環境倫理学を事実上創立した人物であり（大学で環境倫理学の講座を初めて持った人でもある），彼の主張が標準的見解として提示されてもやむをえないといえる．

1996年に刊行された『環境プラグマティズム』（翻訳準備中）の序文で，アンドリュー・ライトとエリック・カッツは，アメリカの環境倫理学を次のようにまとめている．①人間非中心主義に立つ，②自然に内在的価値を認める，③全体論と，④道徳的一元論を採用する．論争の果てに得られたコンセンサスだというが，これは実のところキャリコットの立場に他ならない．環境プラグマティズムの論者は，環境倫理学が従来の議論の枠組に固執してきたことを批判するが，その際に，キャリコットが認めなかった道徳的多元論を強く主張する．このことを頭に入れてキャリコットの多元論批判を読むと，いっそう興味深く読めるだろう．

原書は2014年に第4版が出ており，現在その版の翻訳が進行中である．2018年には日本語版が丸善から刊行される予定である．

『応用倫理学事典』

加藤尚武編集代表
丸善，2007年

▼現代社会のあらゆる分野における倫理問題を網羅的に解説

　本書は，刊行当時の応用倫理学のテーマが網羅された事典である．総勢200人の執筆者によって，キーワードがそれぞれ見開き2ページで説明されている．これを中項目事典という．

　編集代表の加藤尚武によれば，「応用倫理学」は何らかの原理の応用ではなく，「原理が分からなくても，とりあえず現実的な問題のなかに潜む倫理問題を取り上げるという態度」で開発されてきたという．そのため，「応用倫理学の各領域は，それぞれ独自に理論的な開発が進んできたものであって，相互に対立する面も含んでいる」．しかし，「こうした傾向の違いを調整したり，統一化したりすれば，応用倫理学の現在の生きた姿を伝えることはできなくなる」として，「領域ごとの編集委員を定めて，項目や執筆者の選定を一任する」ことにしたという．

　本書の目次を見ると，①生命倫理・医療倫理，②情報倫理・マスコミ倫理，③環境倫理，④看護倫理，⑤技術倫理・工業倫理，⑥科学倫理，⑦企業倫理・経営倫理といった，応用倫理学の典型的なテーマが扱われている章のほかに，⑧宗教倫理，⑨教育倫理，⑩公共性・公共政策の倫理，⑪平和・国際関係の倫理，⑫社会福祉倫理，⑬映像倫理，⑭生と死の倫理，⑮性と結婚の倫理，⑯スポーツ倫理，⑰家族倫理といった章もあり，現代社会のあらゆる分野における倫理問題が対象となっている．

　「環境倫理」の章には，39の項目が設定されている．そこでは，「人間中心主義と人間非中心主義」といったアメリカの基本的な概念から，「里山の環境倫理」といった日本発の議論，さらに，「ダイオキシン問題」，「地球温暖化問題と京都議定書」といった具体的な項目や，「環境正義」，「拡大生産者責任」，「予防原則」といった近年の重要な用語まで解説されている．ひと通り目を通すだけでも勉強になる．

『役に立つ地理学』

伊藤修一，有馬貴之，駒木伸比古，林琢也，鈴木晃志郎編
古今書院，2012年

▼気鋭の地理学者たちと，隣接分野の研究者による「地理学」論

　本書は，気鋭の地理学者たちが，政策や実践の現場への地理学の貢献可能性を真摯に模索した本である．ここには環境倫理学における「環境プラグマティズム」と同型の問題意識がある．

　本書は2部構成である．第1部「地理学からのアプローチ」では，地図学（鈴木晃志郎），経済地理学（小泉諒），商業地理学（駒木伸比古），都市地理学（伊藤修一），観光地理学（山口太郎），行動地理学（有馬貴之），農村地理学（林琢也），歴史地理学（村岸純）といった各分野が，社会に向けて何ができるかを問うている．

　第2部「他分野からみた地理学」では，生物学（鈴木亮），土壌学（角野貴信），環境倫理学（吉永明弘），環境経済学（野田浩二），法律実務家（紛争解決分野）（大澤恒夫）からの，地理学への期待・要望が綴られている．

　第11章「環境倫理学から見た地理学」は，鬼頭秀一の「学際的な環境倫理学」における地理学の存在感の薄さに注目するとともに，以下に示す岸由二の主張に立脚して，地理学者に地域計画（都市計画法における線引きなど）への参加を求めている．

　岸は，「そもそも政策決定に関わる中央官僚に地理職がいないのではありませんか？」，「日本ではトップに行けば行くほど，地べたがどうなっているかがわかっていません」と述べ，そのことによって「地形を重視したらありえない線引き」が行われていると指摘する（養老孟司・岸由二『環境を知るとはどういうことか』PHP研究所）．

　それに加えて，本章では，岸の言う〈すみ場所〉感覚を人々の中に育むという仕事に対しても，地理学者が貢献できると主張されている．

　本書には書かれていないが，アメリカでは環境倫理学者と地理学者の協働が進んでいる．日本でも同じことができるはずである．

Part 8　諸学のなかの環境倫理

『コミュニタリアニズムの フロンティア』

小林正弥，菊池理夫編
勁草書房，2012年

▼コミュニタリアンによる環境倫理と世代間倫理を簡潔に紹介

　本書は，現代コミュニタリアニズムの多様な主張を紹介した本である．姉妹編『コミュニタリアニズムの世界』（勁草書房）が，サンデルを中心に中核的な理論家の議論を丁寧に紹介しているのに対して，本書はコミュニタリアニズムの視点が日々の社会の問題にどのように生きてくるのかを示した本である．

　例えば本書には，性差と家族・子ども（小林正弥），宗教（栩木憲一郎），公共政策学（菊池理夫），福祉（妻鹿ふみ子），学校・コミュニティ・ボランティア（坂口緑），パブリック・ジャーナリズム（畑中哲雄）という章がある．また，ナショナリズム（川瀬貴之）や正義論（福原正人），憲法論（尾形健）といった政治哲学的なテーマについても論じられている．さらに，南原繁（栩木）や賀川豊彦（伊丹謙太郎）といった思想家の議論が「日本におけるコミュニタリアニズム」として解釈される．

　本書第3章「環境倫理・世代間倫理」（吉永明弘）では，政治理論家デシャリットの議論が紹介される．

　デシャリットは，従来の「環境倫理」の議論の中に，自然から倫理や政治理論を引き出そうとする傾向があることを批判する．またリベラリズムは環境問題に対してあまり有効でないとも言っている．

　また，彼の「世代間倫理」論の特徴は，①「近い将来世代」には積極的義務を負うが，「遠い将来世代」には消極的義務しか負わないとしている点と，②「超世代的コミュニティ」という概念を用いて，世代間倫理をコミュニタリアンの立場から正当化している点にある．

　面白いのは「近い将来世代」といっても8～10世代くらい先までを指し，「遠い将来世代」は30世代くらい先を指している点だ．この場合の「近い」というのは子や孫くらいのスパンの話ではないのである．彼がとても長いスパンで倫理を考えていることが分かる．

『[気づき] の現代社会学Ⅱ』

江戸川大学現代社会学科編
梓出版社，2015年

▼CEPAツールキットの考え方を取り入れた大学の授業を紹介

本書は，江戸川大学社会学部現代社会学科のスタッフによる，現代社会を総合的に研究するためのテキストである．

第1章（清野隆）ではフィールドワークの仕方が，第2章（吉永明弘）では卒業論文の書き方が説明される．

第3章（斗鬼正一）と第4章（阿南透）は文化人類学・民俗学へのいざない，第5章（鈴木輝隆），第6章（土屋薫），第7章（大内田鶴子），第11章（清野隆）はまちづくりと観光に関する事例研究，第12章（関根理恵）は文化財保存がテーマである．

第8章（親泊素子）は国立公園におけるインタープリターの資質と条件の解説，第9章（伊藤勝）は地球温暖化防止のための省エネの検証がなされている．

第10章（吉永明弘）では，「CEPAツールキット」の考え方に基づいて実施された，江戸川大学の「環境と教育」の授業と，対話型講義を取り入れた「環境と倫理」の授業の内容が紹介されている．

「CEPAツールキット」は，生物多様性保全に関するコミュニケーション，教育，普及啓発（Communication, Education and Public Awareness）のための実践マニュアルである．生物多様性に限らず，教育全般や事業の宣伝などにも使える内容である．ツールキットの日本語訳はCEPA JAPANの公式サイト（http://cepajapan.org/projects/toolkit/）から入手できる．

「対話型講義」とは，2010年にNHKで放送されて話題になったマイケル・サンデルの講義を一つのモデルとした，新しい講義のやり方を指す．学生に発言させ，教員と対話するという形式の講義は，「CEPAツールキット」の考え方と非常に親和性が高い．どちらも，単なる知識の伝達ではなく，相手方の意識を高める（raise awareness）ことを目的にしている．

第Ⅱ部　環境倫理学の枠組みを広げるための50冊

【Part 9　環境問題と社会科学】では，環境問題に対する社会科学的アプローチの見本となる本を紹介する．見田宗介『現代社会の理論』は現代社会論の傑作で，環境問題の位置づけも的確である．クリフォード・ギアーツ『ローカル・ノレッジ』は地域文化を内側から理解することがテーマである．E.F. シューマッハー『スモールイズビューティフル』は途上国に対する従来の技術援助や経済成長論を批判している．諸富徹『思考のフロンティア　環境』は社会資本，社会的共通資本，社会関係資本の学説を統合的に解説した本である．宇沢弘文『自動車の社会的費用』は外部不経済の問題を扱っている．環境経済・政策学会編『アメニティと歴史・自然遺産』を読むと，経済学の守備範囲の広さが分かるだろう．政治学的なアプローチとしては，國分功一郎『来るべき民主主義』が，地域の環境問題を通じて民主主義論を展開している．法学からのアプローチとしては，山村恒年・関根孝道編『自然の権利』，北村喜宣『プレップ環境法　第2版』，青木人志『日本の動物法　第2版』が啓発的である．

【Part 10　環境論を問いなおす】では，現在，常識として流通している環境論に疑問を投げかけ，議論を喚起する本を紹介する．槌田敦『環境保護運動はどこが間違っているのか？』は主に現在のリサイクルのあり方と温暖化をめぐる言説を批判している．枝廣淳子，江守正多，武田邦彦『温暖化論のホンネ』は，温暖化批判の論客と温暖化対策の第一線に立つ研究者との論戦の記録である．藤倉良『エコ論争の真贋』はリサイクル，温暖化，生物多様性の保全についての懐疑論を検討している．石川憲二『自然エネルギーの可能性と限界』は，自然エネルギーを素朴に礼賛する風潮に冷水を浴びせた本である．デイヴィド・ソベル『足もとの自然から始めよう』は，現在の環境教育の陥穽を突き，子ども期の自然体験の重要性を説いている．

115

第Ⅱ部　環境倫理学の枠組みを広げるための50冊

【Part 11 地域環境保全と市民の力】では，地域の自然環境・文化的環境を守る市民運動に関する本を紹介する．木原啓吉『新版ナショナル・トラスト』は地域環境運動論の定番である．鶴見和子『南方熊楠』は，南方の神社合祀反対運動をコンパクトに紹介している．鎌倉の自然を守る連合会『鎌倉広町の森はかくて守られた』，村上稔『希望を捨てない市民政治』，岸由二，柳瀬博一『「奇跡の自然」の守りかた』には，各地の市民運動の多様な姿が描かれている．地域環境を守るためには，日常的な保全活動や教育活動が必要である．鳥越皓之編『環境ボランティア・NPO の社会学』，嵯峨生馬『プロボノ』，アンドリュー・ゾッリ，アン・マリー・ヒーリー『レジリエンス　復活力』を読むと，地域活動やボランティア活動に関する効果的な戦略を知ることができる．ロバート・パットナム『孤独なボウリング』は政治参加以前の地域でのおしゃべりの場の重要性を指摘している．ペッカ・ヒマネン『リナックスの革命』は，21世紀における新しい勤労倫理を提示しており，勇気づけられる．

【Part 12 場所論と風土論】では，人間と環境について一から考えるための本を紹介する．ユクスキュル，クリサート『生物から見た世界』と市川浩『〈身〉の構造』は，動物行動学と身体論によって「環境」の原論的な議論をしている．ゲオルク・ジンメル『ジンメル・エッセイ集』は，風景，人工物，大都会についての短いエッセイを通じて，人間の環境とのかかわりを哲学的に考察している．和辻哲郎『風土』と鈴木秀夫『森林の思考・砂漠の思考』は，風土を軸にした比較文化論として抜群に面白い本である．伊東俊太郎『文明と自然』は風土論的な視点を組み込んで世界の文明の歴史を記述している．以上をふまえて，イーフー・トゥアン『空間の経験』，エドワード・レルフ『場所の現象学』，オギュスタン・ベルク『風土としての地球』を 3 冊セットで読むと，人間の環境とのかかわりに関する規範が見えてくるだろう．亀山純生『環境倫理と風土』は，風土論と環境倫理学の統合を目指した本である．

【Part 13 景観保全と都市環境】では，近年ようやく環境倫理学でも議論の射程に入ってきた「景観」と「都市」に関する本を紹介する．今道友信『エコエティカ』は，現代は「技術連関」としての環境が出現しているとして，人工

第Ⅱ部　環境倫理学の枠組みを広げるための50冊

物や都市に対する新しい倫理が必要になることを説いている．松原隆一郎『失われた景観』は日常景観の保全に関する優れた論考である．進士五十八『アメニティ・デザイン』は造園学の発想とアメニティ概念の基本が分かる本である．穂鷹知美『都市と緑』はドイツの都市の緑地に関する歴史研究である．オギュスタン・ベルク『都市のコスモロジー』，芦原義信『隠れた秩序』は優れた都市景観論である．ジェイン・ジェイコブズ『アメリカ大都市の死と生』は住民目線から都市計画を論じた重要文献である．余暇開発センター編『都市にとって自然とは何か』に収録されている赤瀬川原平の都市論，桑子敏雄『感性の哲学』における「コンセプト空間」批判，大谷幸夫『空地の思想』は，期せずして，都市におけるコントロールされていないものの重要性を示唆している．

　【Part 14 都市の環境倫理をめざして】では都市の環境倫理に関連する5冊の本を選んだ．鬼頭秀一，福永真弓編『環境倫理学』には，都市の人工物の倫理について論じている章がある．広井良典，小林正弥編『コミュニティ』には，イーフー・トゥアンの「コスモポリタン的炉端」という概念をもとに，「グローカルなコミュニティ」について考察した章がある．塩沢由典ほか編『ジェイン・ジェイコブズの世界1916－2006』は，多岐にわたるジェイコブズの業績を多くの分野の研究者が論評した本である．そのなかに，ジェイコブズの都市論と倫理学の統一的理解を図ろうとする論考がある．水島治郎・吉永明弘編『千葉市のまちづくりを語ろう』は，千葉市のさまざまなまちづくり活動を紹介している．吉永明弘『都市の環境倫理』は，「環境プラグマティズム」を下敷きにして，環境倫理学に場所論，風土論，都市論を取り入れた本である．

Part 9
環境問題と社会科学

『現代社会の理論』

見田宗介
岩波新書，1996年

▼現代社会論の名著にして環境問題研究者の必読書

　本書は現代社会論の名著であるとともに，環境問題研究者の必読書である．また環境問題を研究しなくとも，現代人なら本書の第二章・第三章の内容は基本的知識として持っておかなければならない．

　著者は，現代社会を「情報化／消費化社会」と捉える．この社会には巨大な「光」の面と「闇」の面がある．第一章では「光」の面が，第二章・第三章では「闇」の面が説明される．第四章ではそれらを踏まえて「闇」の面を克服する方法が探られる．

　第一章は，現代社会の「光」の面として，戦争による需要に頼らずに，資本の成長にとって必要な需要を作り出し，恐慌を回避するというシステムをつくったことを挙げている．ポイントは，デザインや広告などを用いた，「情報による消費の創出」にある（22）．この社会を著者は〈情報化／消費化社会〉と呼び，これによって純粋な資本主義が形成されたという．

　そして著者はこのことを肯定的に捉える．情報化／消費化社会には固有の楽しさと魅力があるからだ．しかし，このシステムは自然と外部社会という二つの「外部」に悪影響をもたらしている．

　第二章では，現代社会の「闇」の面の一つとして，「環境問題」が取り上げられる．

　著者はレイチェル・カーソン『沈黙の春』にある，農薬を大量に消費すること自体が目的としか考えられないという記述をふまえて，農薬は〈軍事のための消費〉から〈消費のための消費〉に支えられる純粋な資本主義への転換の最初の形態であったと分析する．

　また，水俣病に関する厚生省の1959年の答申が，その9年後の「政府見解」まで留保され，その間に廃水の排出が続けられたことにより被害が拡大したことについて，その背景に，窒素肥料の供給の継続という国の政策（医学外的な原因）があったことを指摘する．

その他，大量生産と大量消費は，大量採取と大量廃棄を伴っており，資源と環境に依存しているという指摘も重要である．情報化／消費化社会が見出した〈市場の無限性〉は，〈資源の有限性〉という臨界と遭遇していると著者は言う．

第三章では，現代社会のもう一つの「闇」の面として，「南北問題」が取りあげられる．著者は，大量採取と大量廃棄が「外部」の諸社会に転嫁されてきたことを問題視する．いわゆる「南」の国では，輸出向けの一次産品産業が推奨され，「北」の国では捨てられない有害廃棄物が持ち込まれている．危険な農薬の使用にもダブルスタンダードがある．「南」の国の飢餓は，食糧の不平等な分配や，輸出食物への作物転換によって起こっている．「南」の国の人口増加を抑制するには，分配の平等化，特に極貧層の向上が有効である．これらはよく知られた話である．

加えて著者は，「貧困」の概念を検討する．世界銀行では1日当たりの生活費が1ドル以下を貧困とするが，その基準で1ドル以上にすることを目指して開発政策を行うと，「幸福のいくつもの次元を失い，不幸を増大する可能性の方が，現実にははるかに大きい」と著者は言う．彼らはGNPが低いから貧困なのではなく，「GNPを必要とするシステムの内に投げ込まれてしまった上で，GNPが低いから貧困なのである」（106-107）．「北」の国の貧困も同じであり，収入が低いという以前に，「幾層にも複雑化され商品化された物資と「サービス」に依存することなしには生きられないもの」にされることが根本的な問題なのである（118）．

第四章で著者は，〈消費化〉と〈情報化〉の意味を捉えなおすことで，このシステムの矛盾と欠陥に取り組むことを宣言する．

著者は〈消費〉を「生の充溢と歓喜の直接的な享受」とし（132），〈情報〉を「資源収奪的でなく，他社会収奪的でない仕方で，需要の無限空間を開く」ものと捉える（152）．消費の社会は，「生産の自己目的化という狂気から人を自由にする」のであり，情報化社会は「マテリアルな消費に依存する価値と幸福のイメージから自由にしてくれる」（170）．このようにして，自由な社会を手放すことなく，「情報化／消費化社会」を転回させることができると著者は言う．

著者は「ほんとうに切実な問いと，根柢をめざす思考と，地に着いた方法とだけを求める精神」を称揚するが（188），本書にはまさにそれがある．

第Ⅱ部　環境倫理学の枠組みを広げるための50冊

『ローカル・ノレッジ』

クリフォード・ギアーツ
岩波書店，1999年

▼地域文化を内側から理解できるかという問題を真摯に探究

　本書は文化人類学者ギアーツの論文集である．タイトルになっている「ローカル・ノレッジ」は，地域の内側で理解されている知識を指す．ギアーツは，このような「ローカル・ノレッジ」の探求を，文化人類学の目的に据える．

　この言葉は，ローカルな文化に立脚して環境問題に取り組んでいる人々によって広く使われるようになった．しかしローカルな文化を重視する立場は，普遍主義者から批判を受けるのが常である．環境に良くない慣習はどうするのか，人権侵害的な文化（カースト制度など）も認めるのか，という批判である．もちろんローカルを推奨する研究者も，ローカルな文化一辺倒でやっていこうとは考えておらず，近年ではTEK(traditional ecological knowledge) という概念によって，科学的生態学に照らしても妥当な文化的実践に光が当てられている．また人権思想を否定するわけでもない．だがこのあたりについては現在でもクリアな解答は出されていないと思われる．というのも，この問題は今に始まったことではなく，文化人類学が形成された当初から潜在していた問題だからである．

　19世紀に成立した文化人類学の営みは，「民族誌」を書くこと，すなわち「異文化の記述」にあったが，その背景には帝国主義と植民地経営があったことが指摘されている．ギアーツは，そのような指摘を重く受け止めて，文化人類学の自己反省ともいうべき論考を発表している（『文化の解釈学』岩波書店）．そして彼は，帝国主義や植民地運営のために，地域の文化を外側から理解するのではなく，地域の内側から解釈することを提唱する．彼は，ローカル・ノレッジが地域に特有の文脈に基づいていることに留意し，それを普遍理論によって一律に把握しようとすることを強く戒める（4）．

　彼によれば，異文化を理解するためには，「われわれとそれとの間に介在するおせっかいな解説の背後から見るのではなく，それをとおして見ることによって

それは可能になる」(78).「それをとおしてみる」ということは，別の箇所にある「住民の視点から見る」こととほぼ同じと見てよい．

◇

しかしギアーツは，地域の「外側」にいる研究者と「内側」にいる住民の違いを強烈に意識しており，外部の者が「住民の視点からものを見る」ことができるのかどうかを執拗に問いかける．そして彼は，「諺を解したり，ほのめかしに気づいたり，冗談がわかったり」することが，その地域の文化を内側から理解したことになるという答を出している (123)．つまり彼は，自己と他者のへだたりを充分にふまえた上で，なおかつ相互理解が可能であると考えている．

◇

とはいえ，ローカルな価値観と普遍主義との関係は，相変わらず残る問題である．彼は，本書第二章の冒頭で，1880年代のデンマーク人ヘルムスによるバリ島報告を引用して，その難問を突き付ける．それは「サティ」(妻の殉死) の儀式の様子を描いたものであり，ヘルムスはその儀式を目撃しているうちに，そこに高い芸術性を感じてしまう．しかしふと我に帰り，そのひどい残酷さを認識した結果，このような野蛮な風習をインドから排したイギリスの統治政策を正当化するのである (65-70)．

◇

このような難問はすぐには解けないが，少なくともギアツが「ローカル・ノレッジ」を素朴に礼讃しているわけではないという点は重要である．「結局のところ，われわれはローカル・ノレッジ以上のものを必要としているといってよい．われわれはローカル・ノレッジの多様性をその相互参照性に変える，つまり一方が暗くするのを他方が照らす方法を必要としているのだ」(388)．

この結論は，ギアーツが自らの立場を「反＝反相対主義」と規定していることとセットで捉えられる必要がある．彼は「反＝反中絶論者」，つまり中絶促進派ではないけれども中絶を禁止する立場には反対する人と同様に，相対主義を礼讃はしないけれども不寛容な反相対主義には断固反対する，という立場をとる (『解釈人類学と反＝反相対主義』みすず書房)．ここには「相対主義」と「反相対主義」の両方の問題点を乗り越えようとする意志がある．

ギアーツの文章はやや難しいが，本書は読みやすいほうである．挑戦する価値は十分にある．

『スモールイズビューティフル』

E.F. シューマッハー
講談社学術文庫,1986年

▼小さいことを求める本ではなく,「中間技術」を推奨した本

　本書はそのタイトルからして,小規模なものを推奨した本と見なされるかもしれない.また清貧の思想や小国寡民の思想を擁護する本と受け取られる可能性もある.

　しかし本書において,「小さいことはすばらしい」というのは主要なメッセージではない.それは巨大主義に対する批判として述べられたにすぎない(本書解説「シューマッハーの人と思想」395).本書は,途上国の現実を捉えたうえで,その国の実態に応じた中間規模の技術が用いられるべきとする,リアルな議論が展開されている.

　第一部第二章「平和と永続性」は本書の総論的な内容になっている.ここでは経済成長という考え方が批判され,平和と永続性が目標として掲げられる.著者によれば,平和と永続性をもたらす技術は,①安くてほとんどだれでも手に入れられ,②小さな規模で応用でき,③人間の創造力を発揮させるようなものだとい

う.

　続けて第三章「経済学の役割」では,経済学が他の領域に越境することが戒められる.具体的に彼は非経済的な価値を経済計算の枠に押し込むことを批判している.

　第四章「仏教経済学」は,経済学というより仕事論であり,人間にとっての仕事の意味・役割が論じられている.

　第五章「規模の問題」は重要な章である.著者の立場は「目的によって,小規模なもの,大規模なもの,排他的なもの,開放的なものというふうに,さまざまな組織,構造が必要になる」.そこから「小さいことが盲目的に尊ばれる」ことも批判している(85).「どんな規模が適正かは,仕事しだいで決まる」のであり,細かくは分からなくても,極端な間違いは認識できると著者は言う(86).

　第二部第一章「教育——最大の資源」にある,ティレルの「拡散する問題」と「収斂する問題」の区別について論じた

部分は本書の隠れた名考察である。論理的にいくら詰めてみても解決できない問題が「拡散する問題」であり、人生を形作っている問題はこちらであり、解決は死にしかない。他方、論理的に解決できる問題が「収斂する問題」であり、抽象化によって人間が創り出した問題である。この区別をふまえて著者は、拡散する問題と取り組んできた重役が、帰宅の車内で推理小説を読み、クロスワード・パズルに熱中しているのは、それらが収斂する問題であり、だからこそリラックスできると解釈している。こういう小さな洞察も本書の魅力となっている。

◇

続けて第二章「正しい土地利用」にはスチュワードシップや土地倫理に通じる記述が見られる。第三章の資源論、第四章の原子力論は独立した論考として読める。

第五章「人間の顔をもった技術」では本書の中心テーマが論じられている。著者は、ガンジーによる「大量生産」と「大衆による生産」の区別をふまえて、次のように述べている。「大衆による生産の技術は、現代の知識、経験の最良のものを活用し、分散化を促進し、エコロジーの法則にそむかず、稀少な資源を乱費せず、人間を機械に奉仕させるのではなく、人間に役立つように作られている」。著者はこれを「中間技術」と呼ん

でいる（204）。著者によれば「技術に直接性と簡素さを取り戻すことは、これをいっそう複雑にするよりもむずかしい」のだという（205）。

◇

この中間技術論は、第三部第二章で再び展開される。ここではまず著者の仕事論が語られる。

「人びとの第一の願いは、何らかの仕事について少額なりとも収入を得ることである。自分の時間と労働とが社会に役立っているという実感をもてば、はじめてこの二つのものの価値をさらに高めようとする意欲が湧いてくる。だから、みんなが何かを作るほうが、一部少数の人がたくさんものを作るよりだいじなのである」（230）。

そして中間技術の定義に入る。それは土着技術（一ポンド技術）と先進国の技術（千ポンド技術）の中間にある百ポンド技術とされる。土着技術の社会が先進国の技術を導入すると、在来の仕事場を消滅させ、貧しい人たちをいっそう絶望的にさせる。それに対して、中間技術は土着技術よりも生産性が高く、先進国の技術よりも安上がりになるので、貧しい人たちを助けることができるという。

途上国の現実を見てきた著者の言葉は、説得力に満ちている。

『思考のフロンティア　環境』

諸富徹
岩波書店，2003年

▼社会資本，社会的共通資本，社会関係資本を統合的に説明

本書は「環境」というタイトルが付いているが，内容を見ると，経済学の観点から，社会資本，社会的共通資本，社会関係資本に関する学説を統合的に説明した本であることが分かる．

著者によれば，「単に環境とは何かを規定するだけでなく，それを操作可能な概念として構成し，そこから公共政策の公準を引き出すためには，資本概念に基づいて環境を把握することが極めて有効だと考えた」という（はじめに）．

著者の目的は「環境」を論じることを通じて「持続可能な発展」の中身を明らかにすることにある．

第Ⅰ部は，その「持続可能な発展」についての考察である．結論だけ紹介すると，著者はそれを「自然資本の賦存量が，最低安全基準に基づく決定的な水準の自然資本量を下回ってはならないという制約条件の下に，世代公平性に配慮しながら，福祉水準（Well-Being）を世代間で少なくとも一定に保つこと」と定義する(38)．

◇

第Ⅱ部では，三つの「資本」概念が順に検討されていく．著者によれば，持続可能な発展にとって重要なのは様々な形態の「拡張された資本」であるという．

まず著者は，アーヴィング・フィッシャーの議論を引用して，「資本」をフローに対する「ストック」と定義する．

このように資本を定義したうえで，著者は経済成長の過程で，「私的」資本とは異なる「社会資本」が，政府の介入によって整備されたとする（道路，港湾など）．そして，社会資本の整備が公害や環境破壊の原因になったことにふれながら，この概念によって「市場を支える基盤的要素」に目を向けることができる点を評価している．

このような社会の基盤的要素を，「自然資本」にまで拡張したのが，宇沢弘文の「社会的共通資本」であると著者は言う．

社会的共通資本は必需財と公共財の性質を持つ。そこから「その運営や維持管理を市場に委ねてしまうと様々な問題が生じる」(50)。つまり社会的共通資本は市場の財と同様に扱ってはいけないということだ。また著者は、社会的共通資本の意義は「環境そのものを対象として規定できる点」にあるという。

他方、著者は宇沢の「制度資本」という規定には疑問を呈し、自然資本と社会資本を維持管理する手段として「制度」を別建てにするほうがよいと主張する。そしてその制度を支えるものとして「社会関係資本」が位置づけられる。

「社会関係資本」はロバート・パットナムの著書によって有名になった言葉である。パットナムは『民主主義を機能させる』(邦訳は『哲学する民主主義』NTT出版)において、イタリアの南部と北部の制度パフォーマンスと経済発展を比較して、歴史的に蓄積された社会関係資本の有無が制度の成功を左右する要因だったという結論を導き、話題を呼んだ。

しかし、社会関係資本の分析をアメリカ社会に適用した『一人でボウリングをする』(邦訳は『孤独なボウリング』)で示されたのは、ここ30年でアメリカの社会関係資本が一貫して減耗したことであった。そこからパットナムは、教育プログラムの開発やコンパクトシティへの移行といった政策によって、社会関係資本を育成することを提案する。

ここで著者は「『民主主義を機能させる』では、社会関係資本概念は、政府あるいは制度パフォーマンスを説明するための理論的枠組みとして導入されたはずである。ところが今度はそれが、政府によって育成されるべき対象になったのである」と述べて、パットナムの問題意識が逆転したことを指摘する (85)。このあたりの解説は実に鮮やかである。

◇

こうして、「社会資本」から「社会関係資本」までの流れを追ってきたわけだが、著者が注目するのは、この流れに伴って「公共投資」の性質が「非物質的色彩」を強めていくことにある。この過程で、政府の機能も変わらざるをえない。著者によればこれからの政府の機能は、公共事業ではなく、経済活動を制御する「ルールの設定、監視、執行」になるという (88)。

最後に著者は「持続可能な発展のための公共政策」として、環境税、教育、まちづくりへの投資などを提案する。一貫した論理に基づく提案である。

『自動車の社会的費用』

宇沢弘文
岩波新書，1974年

▼社会的共通資本をベースに，自動車の社会的費用を計算

本書は経済学者宇沢弘文の代表的著作である．本書は大きく二つの部分に分けられる．

前半部分では，自動車が社会問題（事故，環境汚染，地域の変容など）をもたらしていることが示される．現在の自動車とそれをめぐる環境は，市民の基本的権利を侵害している，というのが宇沢の主張の核心にある．そこから，横断歩道橋に対する批判（62）や，路面電車の推奨（57）などが導かれている．

後半部分のキーワードは「社会的費用」である．ここで宇沢は，従来の社会的費用の計算方法を批判し，社会的費用に関する新しい考え方を提案している．

「社会的費用」について，宇沢は次のように説明する．「ある経済活動が，第三者あるいは社会全体に対して，直接的あるいは間接的に影響を及ぼし，さまざまなかたちでの被害を与えるとき，外部不経済（external dis-economies）が発生しているという」．そして「このような外部不経済をともなう現象について，第三者あるいは社会全体に及ぼす悪影響のうち，発生者が負担していない部分をなんらかの方法で計測して，集計した額を社会的費用と呼んでいる」（79-80）．

宇沢は，実際に自動車の社会的費用を算出した例を挙げ，それらが次の五つの要素を考慮していることを指摘する．①道路整備と交通サービスの費用．②事故による「生命・健康の損傷」．③大気汚染，騒音，振動などによる「都市環境の破壊」．④観光道路建設による「自然環境の破壊」．⑤自動車通行による「道路の混雑」（80-85）．

この枠組を使って，これまで運輸省，自動車工業会，野村総合研究所の三つの機構が，自動車の社会的費用の試算を出しているが，その金額は，それぞれ70000円，7000円，180000円とまちまちであったという（85-98）．

この結果から，宇沢は，社会的費用が「計測を試みる経済学者なり行政当局者の主観的な立場を反映する」ことを指摘

Part9　環境問題と社会科学

している．そして宇沢は「人命・健康，さらには自然環境の破壊は不可逆的な現象であって，ここで考えられているような社会的費用の概念をもってしては，もともと計測することができないものである」と結論づけている（99）．

しかし宇沢は，社会的費用という考え方を捨てたわけではない．問題は社会的費用という考え方ではなく，その背後にある近代経済学の考え方——生産手段の私有制，報酬制度，個人への分解可能性などにあるとする（99-119）．

宇沢は，それらを根本的に考え直して，新たな「社会的費用」の考え方を提出する．それは，「市民の基本的権利の具体的内容を明確にし，自動車通行によってこのような基本的権利が侵害されないようにするために，道路建設などのためにどれだけの追加的投資がなされなければならなかったかという額によって，社会的費用を測ろうとするもの」である（172）．

その実践的な帰結として，「自動車を所有し，運転する人々は，他の人々の市民的権利を侵害しないような構造をもつ道路について運転を許されるべきであって，そのような構造に道路を変えるための費用と，自動車の公害防止装置のための費用とを負担すること」が求められることになる（157）．

最後に宇沢は，再定義された「社会的費用」の概念には，「どのような資源分配，所得分配の制度が望ましいと考えているのか，という点にかんする一つの社会的価値判断が前提とされている」という．また，「すべての経済活動について，ここで定義したような意味での社会的費用が発生しないような規制を設けることが，社会的な資源分配という点からは望ましいものとなる」（173-175）．

このことは，宇沢の「社会的共通資本」論を思い起こさせる．社会的費用論と社会的共通本論は表裏の関係にある．市民の基本的権利には，医療，教育，交通，住宅環境の保障が含まれるが，それらがどの程度必要なのかは，市場機構で決定されるのではなく，社会的コンセンサスに依存しているからである．

この議論は，本書から26年後に刊行された『社会的共通資本』（岩波書店）に引き継がれている．社会的共通資本の例として，農業と農村，都市，学校教育，医療，金融制度，地球環境が論じられている．あわせて読むことを薦めたい．

第Ⅱ部　環境倫理学の枠組みを広げるための50冊

『アメニティと歴史・自然遺産』

環境経済・政策学会編
東洋経済新聞社，2000年

▼経済学者によるアメニティと歴史・自然遺産についての論文集

本書は「環境経済・政策学会」の年報第5号にあたる．1999年に立命館大学で開かれた環境経済・政策学会の第4回大会の記念講演（宮本憲一）とシンポジウム「歴史遺産と自然遺産」が収録されている．また，特集「歴史遺産と自然遺産」の中で，アメニティ論と歴史・自然遺産の経済評価などの論文が，巻末には地域通貨についての論文（室田武）が掲載されている．

どれも読みごたえがあるが，そのなかでも第一に読むべきは，①環境問題におけるアメニティ問題の位置づけと，②経済学におけるアメニティ研究の位置づけを明快に示している寺西論文だろう．

ここで寺西は，環境問題を①汚染問題，②自然問題，③アメニティ問題に分類し，これらが重なり合っているのが環境問題だと述べている．これは環境問題とは何かと問われたときの答え方として非常に有効である．一般に，日本では汚染が，アメリカでは自然破壊が，環境問題としてイメージされやすく，近年では国を問わず気候変動問題が環境問題としてが思い描かれる向きもあるが，汚染も，自然破壊も，気候変動もすべて環境問題である．さらに，住環境や都市の問題は環境問題に含められないこともあるが，これももちろん環境問題である．寺西の整理はこれらを全部含めることができる．

第二に，寺西は経済学におけるアメニティ研究の始まりを1983年の宮本憲一の論文とする．宮本はその後に『都市をどう生きるか──アメニティへの招待』（小学館）という本を刊行しており，これによってアメニティという言葉を知った人も多いだろう．寺西は経済学におけるアメニティ研究は手薄だというが，現在ではむしろ，社会科学系では経済学者が最もアメニティ概念に注目しているように思われる．環境倫理学ではアメニティは明示的には論じられてこなかった．

本書にも二人の経済学者によるアメニティ論が掲載されている．池上惇はラスキンを引きながら，経済学におけるアメ

130

ニティの考え方の重要性を論じる．作間逸雄は，アマルティア・センのケイパビリティーと，オギュスタン・ベルクの風土論を補助線にしてアメニティを論じている．

他には，西村幸夫による世界遺産論，佐々木雅幸による都市の文化政策論，細田亜津子による途上国のアメニティ論と景観保全論，進士五十八による都市のみどりと農地に関する論文，吉田謙太郎によるルーラル・アメニティに対するツーリズムの影響に関する考察，呉尚浩による都市近郊の里山保全に関する考察，栗山浩一らによるCVM（仮想評価法）による世界遺産の価値の評価といった論文などが収録されている．以下では，これらの論文の中から興味深い点を2点拾い上げてみたい．

一つは，進士論文にある，生物の生息環境条件に関する指摘である．ここで進士は，整然と土地利用が区画されているところでは生物の生息適地が1か所なのに，多様な組み合わせがなされている土地では生息適地が6か所もできるという研究を紹介している．そして進士は「それが生き物としての人間にとっても住みやすい」ことを示唆する．進士によれば，「整然とした緑地配置を基本としないなら，モザイク状，パッチワーク状の自然分布を前提としたカオス状アジア型，いや日本型緑地システムを構想すればよい」のである（190）．

二つ目は，呉論文の最後になされている五つの提言の最後に，「都市近郊で今なお農業が存続可能な地域では，それを阻害する相続税の体系を早急に改善すること」が掲げられている点である（175）．この部分の注を見ると，JAいるま野（埼玉県三冨新田地区）では「平地山林・屋敷林に対し相続税の納税猶予を適用する」ことを求める要望書が管内の市町と農業委員会に提出されたという．相続税のために土地を手放すというのはよく聞く話である．経済学者の見解をもっと聞いてみたいものである．

◇

巻末の室田論文は，「地域通貨」の仕組み，歴史，意義をコンパクトに解説した名論文である．地域通貨のポイントは，「錆びていく銀行券」（シルヴィオ・ゲゼル）というアイデアにある．河邑厚徳ほか『エンデの遺言』（講談社）を読むと，地域通貨の背景にある思想を詳しく知ることができる．

『来るべき民主主義』

國分功一郎
幻冬舎新書，2013年

▼地域の環境問題から従来の民主主義論の陥穽を突いた本

　國分功一郎は哲学の研究者であり，スピノザ，ドゥルーズなど多様な哲学者の議論に精通している．そしてそれらの思想を駆使して現代社会のさまざまな問題について考察している．

　本書は著者が，都市計画道路（小平市都道328号線）に関する住民運動に参加したことによって練り上げられた，現代の民主主義に関する論考である．

　著者は本書の主張を次のように要約する．「立法府が統治に関して決定を下しているというのは建前に過ぎず，実際には行政機関こそが決定を下している．ところが，現在の民主主義はこの誤った建前のもとに構想されているため，民衆は，立法府には（部分的とはいえ）関わることができるけれども，行政権にはほとんど関わることができない」．したがって「立法権だけでなく，行政権にも民衆がオフィシャルに関われる制度を整えていくこと」が必要になる（17-18）．

　小平市都道328号線は半世紀前に計画された道路であるが，計画が突如復活し，住民の意見も聞き入れられないまま東京都によってその建設が推進された．住宅地と雑木林を貫いて建設される道路の建設費用は推定で200億円以上にもなる．これに対し，道路建設を住民参加型で見直すかどうかを問う住民投票が行われた．

　第一章では，住民投票に至るまでの経緯と，住民投票の内容および結果について述べられる．

　大きな問題は，住民投票条例の可決の後で，市長が投票の成立要件（投票率が50％に満たなければ不成立で，開票もしない）を付したことである．2013年5月26日に投票が行われたものの，投票率は50％に届かず，投票は不成立とされた（本書刊行後，投票用紙は焼却され，投票結果は永久に分からなくなってしまった）．

　第二章では，著者の考える，望ましい住民運動のあり方が提案される．行政が住民参加に強い拒絶反応を示す理由の一

Part9　環境問題と社会科学

つは，住民運動が糾弾型になることへの恐れであるという．著者は小平の住民運動がそれとは異なる問題解決型・提案型であったことを紹介しつつ，政治家をツールとして使うこと，肯定的ヴィジョンをもつこと，理論武装すること，楽しさを出すことなど，住民運動において重要と思われるポイントを説明していく．

第三章では本格的な政治哲学が展開され，現代の民主主義の盲点が説明される．国家主権は近代の政治哲学によって立法権として定義されてきた．国家は立法権を行使する，すなわち法律を定めることで統治するのであり，したがって政治の中心は立法府たる議会だと考えられてきた．

しかし著者によれば，実際の政策は議会ではなく役所で，つまり行政で決定されている．例えば都議会はどこに都道を建設するかを話し合ったりしない．ところが立法による統治が建前となっているために，民主制下の主権者たる国民は，立法府にこそ選挙を通じて関われるものの，行政における実際の政策決定過程にはほとんど関わることができない．そんな体制が「民主主義」と呼ばれていることに著者は疑問を呈する．

◇

第四章では，近代民主主義理論の欠陥を正すために，「制度」を足していくと

いう方法が提案される．そこで参照されているのは，国家は，法が多ければ多いほど専制的になり，制度が多ければ多いほど自由で民主的になるというドゥルーズの議論である．

著者は民主主義を補強するパーツとして，住民投票制度，審議会メンバー選びのルール化，ファシリテータ付き住民行政協働参加ワークショップ，パブリック・コメントの有効活用を提案している．

第五章では，ジャック・デリダの民主主義論が紹介される．民主主義が完全に実現することはない．しかし民主主義の実現が目指されねばならない．「民主主義は，常に来るべきものにとどまる．けれども，いまは民主主義の名に値する民主主義は存在していない．だから，民主主義の実現を目指さなければならない」(205)．

本書は1か月半ほどの日数で書き上げられたという．文章から著者の憤りと熱意が伝わってくる．著者は『近代政治哲学』（筑摩書房）で立法権と行政権の問題を軸にして政治哲学を論じている．こちらも参考になる．

『自然の権利』

山村恒年・関根孝道編
信山社, 1996年

▼日米の「自然の権利訴訟」から「自然の権利」の意義を考察

本書は日本の「アマミノクロウサギ訴訟」を担当した弁護士グループが「自然の権利」概念の意義を解説したものである．

「自然の権利訴訟」を語る際に必ず言及されるのは，クリストファー・ストーンの論文「樹木は法廷に立てるか」である．共感と配慮の範囲の拡大が，権利の拡大につながり，人間以外のものの権利（法人）も認められるようになった．この延長上に自然物も権利主体として認められうる．この権利主体としての自然物の後見人として，人間が裁判を起こすことができる，というのがその骨子である．

本書はこの論文を解説している第4章から読むとよいだろう．ここでは「シーラクラブ対モートン事件判決」におけるダグラス判事の意見に，自然の権利訴訟の法理論が表れていることが確認され，その後のアメリカの訴訟の例が複数紹介される．バイラム川，パリーラ鳥，シマフクロウ，マーレット鳥，イルカが，それぞれ原告（人間個人や団体との共同原告）となって争い，その多くが勝訴したことが記される．

続けて第5章（中島清治・籠橋隆明・鎌田邦彦）では，日本の事例として，1995年のアマミノクロウサギ訴訟の内容が紹介される．その中で，立証責任の問題，財産権の偏重，住民参加手続きの不備といった現行の自然保護法の問題点が指摘される．著者たちは，これらの問題点の多くは自然の権利を確立することによって克服されると主張する (217)．

また第3章（藤原猛爾）は，国際環境法の中に「自然の内在的価値」や「人類の共通利益」がうたわれていることから，国際環境法と自然の権利アプローチとの間に親和性があることを示している．

以上の歴史的事実をふまえて，第1章（山村恒年）に戻って読んでいくと，問題の所在がより明確になる．第1章では，環境権，自然享受権，自然享有権といった自然保護に関連する権利の紹介と，権

利概念の整理によって,「自然の権利」の外側を固める.

そのうえで,あえて「自然の権利」を持ち出すメリットとして,ストーンのいう三つの点を紹介する.「①裁判官は,挙証責任のような法準則を,環境の視点に立って,より緩やかに解釈する傾向になる.②「権利」という用語によって,新しい思考や洞察方法が探究され,発展することになる.③「環境の法的権利」を語る社会なら,正式な制定法を通じて,環境をより保護する法準則を立法化する傾向があらわれてくる」.つまりストーンは「権利と呼ばなくても説明できるものを裁判官や立法者,国民に対する啓蒙的な政策からこれを「権利」と呼ぶことを提案している」と著者は言う(14).

この章の最後に,日本では1969年の「日光太郎杉事件」の判決において,実質的に自然の権利(太郎杉の権利)が認められていたという話がある(17-18).この判決文は一読に値する.これを起点にして詰めた議論ができると思う.

第2章(山田隆夫)は,著者の思想が濃密に出ている論考である.著者は従来の環境倫理学の中にある「アトミズム」「ホーリズム」「神人同形論」「他者としての自然」「自然物の権利主体性」をすべて退け,「技術的概念として自然物の当事者性を一定範囲で承認すること」を提唱する(23).著者は「自然と人間との関係性」に本源的な価値を認め,「自然の固有の価値」を認めないという点で,他の共著者とはスタンスが異なっている.

また著者は,人間は「原則的自然保護義務」を負うとして,そこから適正手続きの制度的保障,開発者の立証責任の負担,「疑わしきは保護せよ」といった原則が導き出せると主張する.あわせて,「開発謙抑の原則」(原則的に保護し,例外的に利用する)と「自然防衛権」(自然保護義務の履行を司法のレベルで強制するための防衛権能)という独自の概念を提示する.

この自然保護義務は法的パターナリズムではないかと思われるかもしれない.だが著者によれば,「環境破壊は,現代の国家や社会的権力が,自然に対し「成熟した倫理的自立性」をもって行動してこなかったことにこそその原因があり,環境問題について,これらの勢力はパターナリズムを拒否する倫理的基盤を喪失している」として,国家や社会的権力の行為を制約することを正当化する(53).独自の思考から生まれた言葉に迫力を感じる論考である.

『プレップ環境法　第2版』

北村喜宣
弘文堂，2011年

▼環境法の解説ではなく，その学び方を解説したフレンドリーな本

　本書は「環境法」についての入門書である．現在，環境法の教科書は膨大にあり，どれを読めばよいのか分からず困ってしまう．なおかつ大部の本が多いので，読み通せるかどうか不安になる．

　そんな時には本書を手に取ってほしい．本書はおそらく日本で最もフレンドリーな環境法の本である．全体的に読者に話しかけるような文体で，読んでいて気分がよく，著者の授業を受けたくなる．

　著者は，環境法の学習のポイントをわかりやすく伝えることを意識して本書を執筆したという．また「たんに，個別環境法の仕組みを解説したり裁判例の説明をしたりするだけ」ではなく，「個別環境法や裁判例をどのように分析してどのような整理をしてみせるか」（はしがき）が重視されている．

　第Ⅰ章では，環境法が「環境の質を社会的に望ましい状態に維持・回復するための法システムの総称」と定義される．また，環境基本法にも「現在および将来の国民」という文言があるように，「環境法においては将来の世代のことを考えて現在の世代が行動をすることが前提となっている」という点は重要である．さらに，憲法29条2項にある，財産権を制約する「公共の福祉」の重要な内容は「環境保全」であるという指摘も興味深い．

　第Ⅱ章では，環境法は民事法ではなく行政法に近いことが示される．民事訴訟は「個別性，事後性，当事者性，主観的権利調整性」があるのに対し，環境法には「一般性，事前性，公権力性，公共政策性」がある．これらは行政法の特徴であり，「環境法は，行政法の応用分野のひとつ」であるという．

　環境法には「環境悪化をもたらす行為をコントロールする」という側面がある．私人は行政が許可や命令などの権限を適法に行使していないために環境の悪化が生じた場合には，許可や命令の取り消しや差止めを求めたり，権限の行使の義務

づけを求めたりする行政訴訟を起こすことになる．

◇

第Ⅲ章は，環境法を学ぶ際のアドバイスである．「こうなっている」ことを学習するのは当然だが，「なぜそうなっているのか」，「現実にはどう実施されているのか」に関心を払うべきだという．また，法律の条文をマル暗記する必要はなく，全体像がどうなっているのかを理解し，どこをみればよいのかを把握していればよいという．

◇

以上が総論の部分である．続く章では，具体的な問題について環境法の観点からの考察がなされる．

第Ⅳ章は，水質保全をめぐる環境法の論点が取り上げられる．

第Ⅴ章では，産業廃棄物とその不法投棄について論じられる．

第Ⅵ章では，環境権，国立公園，生物多様性保全，獣害，景観保全について論じられる．

これらの部分の内容については，本書を読んで確認してほしい．

◇

第Ⅶ章は環境法の形成・実施における国と自治体の関係がテーマである．著者はここで，自治体のニーズにあうように法律内容を修正することが適切な役割分担であるとして，自治体が条例を制定す

ることを強く推奨している．

◇

第Ⅷ章では，条文を読みながらその構造をフロー・チャートにまとめるといった環境法の学習法が学生に向けて提示される．

ここで面白いのは，著者が根源的な事項にも関心を持ってもらいたいと述べている点である．「われわれが環境を保護するのは，一体何のためなのでしょうか．人間のためでしょうか．それとも，生態系それ自体の保全が重要だからでしょうか」．これは従来のアメリカの環境倫理学の主要テーマである．その後，環境倫理学が具体的な現場についても関心をもとうという動きになってきたのに対して，具体的な現場にいる環境法学者が「根本的なことにも関心をもとう」と唱えているのはとても面白い．

◇

本書の第2版はしがきで，著者は「ものごとの本質をギュッとつかまえたうえで，それをわかりやすく説明する」という理想を掲げているが，それはかなり成功しているように思う．

とはいえこれは入門書である．より本格的に学びたい人に対して，巻末に何冊か参考文献が紹介されている．この中では倉阪秀史『環境政策論　第2版』（信山社）が読みやすく分かりやすい．

『日本の動物法　第2版』

青木人志
東京大学出版会，2016年

▼動物に関する日本の法律を体系的に解説した本の最新版

青木人志は，比較法の専門家であり，動物法に関する著作も複数ある．本書はその中で最も一般向けに書かれた本といえる．記述はとても丁寧で，法律の素人にも分かるようにかみ砕いて書いてある．

第Ⅰ部は導入的な内容である．著者によれば，西欧にはイギリスのマーチン法や，フランスのグラモン法から始まる動物保護法の歴史があるのに対して，日本では動物法の歴史は浅いという．それに関連して，日本では動物法が充実しておらず，動物保護団体の存在感が薄いという．しかし日本でも，近年になって動物法が急速な発展を始めており，いずれは日本法と西欧法の均質化がいやおうなく起きてくると著者は言う．

そのうえで，著者は，日本において動物法の体系がありうるかという問題を，先行研究をもとに検討する．そして著者は，自身の分類として，「人と動物との関係」に着目して，「まもる法」と「つかう法」に分類し，まもる法には「人が動物をまもる」，「人を動物からまもる」，「人と動物が住む生態系をまもる」の下位分類を与える．

第Ⅱ部では，以上の分類にしたがって，それぞれに該当する日本の法律が解説される．

第4章「人が動物をまもる」では，「動物愛護管理法」について解説される．明治時代の刑法に組み込まれた動物保護の規定から始まり，警察犯処罰令および戦後の軽犯罪法の中の規定を経て，1973年の「動物保護管理法」の成立に至る．1999年にはそれが改正されて「動物愛護管理法」になる．1973年の「動物保護管理法」の成立が外圧によるものであったのに対して，1999年の改正は日本社会の内在的要求に基づいているというあたりは興味深い．

第5章「人を動物からまもる」では，主に「家畜伝染病予防法」が解説される．また，近年の事例として鳥インフルエンザとBSE（牛海綿状脳症）について詳

しく紹介されており，この二つについての概略を知ることもできる．

　第6章「人と動物が住む生態系をまもる」は，2004年に成立した「外来生物法」の解説である．特定外来生物に関する法的な規制の内容が簡潔に説明されている．後半はオオクチバス（ブラックバス）の特定外来生物指定に際しての論争に多くのページが割かれている．

　第7章「人が動物をつかう」では，2002年に制定された「身体障害者補助犬法」が紹介される．この法律は，身体障害者補助犬（盲導犬，介助犬，聴導犬）の「適切な育成」と，補助犬同伴者の交通機関・公共施設等の「利用の円滑化」を柱とするものである．これによって「人を助ける動物」の法的位置づけが明確になったという．

　第Ⅲ部では，動物法の背後にある倫理思想や，動物法の担い手について論じられる．キーワードは，動物の福祉（animal welfare）であり，欧米では広く受け入れられている概念である．日本でも，「動物の福祉」と明示はされないけれども，実際には動物の福祉に関する法規定が整備されつつある．ペット業者が遵守すべき動物の管理の方法については，驚くほど細かい規定がある（208-210）．

　この「動物の福祉」は「動物の権利」とは異なる．「動物の福祉」は「物」としての動物を，人間の利益と比較考量しながら保護する立場だが，「動物の権利」は，権利主体としての動物を，人間の利益にかかわらずに保護する，という立場である．

　では「動物の権利」は実現可能なのか．近年，ドイツ民法やフランス刑法では，動物は「物」とは区別されるようになり，「動物の権利」の実現可能性が高まっているという．それに対して，著者は，現行の日本法で「動物の権利」を実現するには，動物を「法人」と見なすしかないと主張する．そのうえで，日本では法人の機関の役割を果たすべき動物保護団体が弱いので，動物を法人と見なしたとしても，権利を行使することができない可能性が高いとする．

◇

　本書には環境倫理学の議論にも示唆を与えてくれる．これまで環境倫理学では，「人を動物からまもる」と「人が動物をつかう」についてはあまり問題にされてこなかった．しかし，人と動物の多様な関係性を射程に入れた環境倫理を構築するには，伝染病のキャリアとしての動物や，介助の役割を担う動物に対する取り扱いについての議論も必要となるだろう．

Part10
環境論を問いなおす

『環境保護運動はどこが間違っているのか?』

槌田敦
宝島社新書,2007年

▼三度公刊された「環境保護運動」批判の名著

槌田敦は,物理学者・環境経済学者として,環境論に「エントロピー」概念を導入した人として知られている.

本書は1992年の「地球環境ブーム」のただ中にJICC出版局から刊行され,1999年にはその増補版が宝島社によって文庫化された.そして2007年に,今度は宝島社新書として刊行された.まえがきには「この十五年間で,環境保護運動の混乱はますます激しくなってはいるが,この本で指摘した多数の事項は,今もそのまま有効であることがわかった」とある.

本書は対話形式で論が進む.その中で環境保護運動の通説が一つ一つ俎上に乗せられ,それぞれに対して槌田が反論していく.

まず,「牛乳パックはリサイクルすべきだ」という主張に対して,槌田は「牛乳パックはゴミ焼却場で燃やそう」と主張する(第一章).

また,「分別収集運動でゴミ問題は解決できる」という主張に対しては,「分別収集運動でゴミの捨て場が枯渇する」と反論する(第四章).

槌田のエントロピー論に基づく考えでは,燃やせるものはできるだけ燃やすべきなのである.そのうえで,本当の悪質なゴミ(毒物)である有機塩素と放射能の対策を本気で考えなければならないと説く(第五章).

より一般的に,「リサイクルは地球にやさしい」とされているが,槌田は「リサイクルも環境を汚染する」と反論する(第二章).そのうえで,「自然を豊かにする,本物のリサイクルはどこにあるのか?」という探究が続くのがミソである(第三章).これがないと単なる粗雑な〈アンチ環境本〉と変わらなくなるだろう.

その他,自然食運動に対する批判として「自然食だけでは偏食の害で体を壊す」とも言っている(第六章).

槌田が最も批判しているのは,温暖化

Part10　環境論を問いなおす

に関する〈常識〉に対してである.「炭酸ガスによる地球温暖化説には政治がらみのインチキがある」と槌田は言う. ここでの「政治がらみ」にはいろいろな含みがあるが, 原子力産業の企みがあるということは明確に述べられている（第七章）.

この点は本書だけでなく, 講演や雑誌記事でも繰り返されている. 槌田によれば, 本当に危険なのは温暖化ではなく原発なのである. それは自然に返らない「毒物」を生産するからである. そしてこれは, エントロピーの観点からの環境問題研究の帰結でもある.

では原発に代わる新エネルギー開発を推奨しているのかというと, そうではない. 槌田は太陽光発電や風力発電は石油や補助金の無駄遣いであるとする. 核融合に至っては錬金術や永久機関になぞらえてその実現不可能性を強調している. 槌田が推奨するのは, 石油火力発電なのである（第八章）.

本書で述べられている各論を読んで, 憤慨する向きもあるだろう. しかし槌田は, 環境問題を軽んじているのではなく, 環境問題の解決に資するような提言を行っているのである. そのなかには環境倫理学にとっても重要な提言が含まれている.

槌田は, 環境に対する個人の倫理を, 「欲望を抑える努力」と規定した上で, 欲望の社会性に注目し, そのような社会的欲望を個人の努力で解決するのは不可能であると喝破する. そして社会的欲望によって引き起こされた問題は, 社会的に解決するより方法がないとして, 社会の倫理による解決を求めている. 具体的に彼は, 合意による制限や禁止,「毒物等物品税」の導入といった方法を提案している（第九章, 第十章）.

この主張は, 加藤尚武の環境倫理学の定義と響き合うものである. 加藤によれば, 環境倫理学は「個人の心がけの改善」を目指すものではなく,「システム論の領域に属するもので, 環境問題を解決するための法律や制度などすべての取り決めの基礎的前提を明らかにする」ものなのだ（加藤尚武『二十一世紀のエチカ』未来社, 131）.

最終章（第十一章）では, よりストレートに環境倫理学に関連する議論が展開されている. 名前は挙げられていないが, 加藤が定式化した「環境倫理学の三つの基本主張」の内容が取りあげられ, それに対する槌田の考えが表明されている. どのような応答がなされているか, ぜひ読んでもらいたい.

『温暖化論のホンネ』

枝廣淳子, 江守正多, 武田邦彦
技術評論社, 2010年

▼地球温暖化について「脅威論」でも「懐疑論」でもない道を探求

　地球温暖化問題が社会的に注目されるようになったきっかけは，1988年6月23日のアメリカ上院公聴会における，気象学者ハンセンの，温暖化は99％の確率で人為的な現象であるとする証言（「99％証言」）であった（米本昌平『地球環境問題とは何か』岩波書店）．このとき以降，「地球温暖化」が国際政治，科学研究，メディアにおいて，大きくテーマ化されることになる．

　1992年の「地球サミット」では，「気候変動枠組条約」が締結され，1997年には「京都議定書」によって，CO_2排出削減の国別割合が定められた．しかし，このときには中国やインドなどが枠組に入っておらず，またアメリカの離脱なども あり，実効性が疑われてきた．

　そこで2016年に，中国などを含めた「パリ協定」が結ばれ，地球温暖化対策は新たな段階に入った．

　その間，2007年には，IPCC（気候変動に関する政府間パネル）の「第4次評価統合報告書」によって，温暖化が人為的な原因で生じたことが科学的に確認された．しかしこの前後から日本でも世界でも温暖化懐疑論が勢いを増してきた．

　2000年代の日本の温暖化懐疑論の中心にいた人物こそ，本書に登場する武田邦彦である．武田は『リサイクル幻想』（文藝春秋）や『環境問題はなぜウソがまかり通るのか』シリーズ（洋泉社）で，リサイクルの効果，ダイオキシン被害，オゾン層破壊，環境ホルモンの影響などについても批判の矢を飛ばしてきたが，その中で温暖化についても影響を低く見積もっており，温暖化脅威論に冷水を浴びせている．

　そんな中，環境ジャーナリストで翻訳家の枝廣淳子と，国立環境研究所の職員で，温暖化問題のエキスパートの江守正多が，武田の温暖化懐疑論に挑んだというのが本書の基本的な構図である．

　第1部では，3人の間で事実認識の共有が図られる．①気温が上がっているこ

Part10　環境論を問いなおす

と，②CO$_2$が増えていること，③気温上昇は人為起源であること．この3点の共有を求める江守に対して，武田は，③に関して，気温上昇には都市化の影響や，小氷河期からの回復期にあることも加味する必要があり，IPCCの見解は7割で異説も3割ある，と主張する（30）．それに対して枝廣は，そのような重みづけがあればよいが，単なる両論併記だと両者が対等と受け取られてしまう，と安易な懐疑論に対して釘を刺している（48）．

◇

第2部では，温暖化をめぐるコミュニケーションとリテラシーが論じられる．この中で江守は，メディアや国が出したメッセージを疑問をもたずに受け取ることを「第1次の思考停止」とし，逆に，メディアや国の言っていることはすべてウソだと考えることを，「第2次の思考停止」とする（83）．さらに枝廣は，「温暖化が起こっている」という情報と「温暖化はウソだ」という情報にふれて，「どちらだかわからない」と思って考えるのをやめてしまう状態を「第3次の思考停止」とする（84）．そしてそれらの思考停止に陥らないよう「自分で考える力」を付けることが必要だという．

◇

第3部では，温暖化の影響と対策についての議論が行われる．武田の言う，①30年後には技術や社会体制が大きく変わっているので，現在出されている影響予測は使えない，②CO$_2$をじゃんじゃん出してイノベーションを起こして対応せよ，③人間らしい生活に戻ることを薦めるときに温暖化をダシに使うな，といった問題提起に対して，江守と枝廣がどのように答えているか，ここが本書の最大の読みどころである．

◇

全体として，3人の対立を強調するのではなく，合意できた点を確認しながら議論を進めていくやり方にすがすがしさを感じる．本書は対話を通じた合意形成のやり方の見本にもなっている．

「あとがき」に記されている枝廣の言葉は，鼎談から導かれた結論の一つといってよい．「「温暖化政策のすべてがよい」わけではないことを理解し，「本当に役立つ温暖化政策」と「役に立たない（害を与える）温暖化政策」を見分ける目を持ち，そして，批評家になって文句を言うのではなく，「本当に役立つ温暖化政策」をつくっていくことが大切なのだ」（217）．

145

『エコ論争の真贋』

藤倉良
新潮新書，2011年

▼リサイクル，温暖化，生物多様性に関する説の真贋を判定する

本書はゴミとリサイクル，地球温暖化，生物多様性保全という3つのテーマについて出されているさまざまな説の真贋を論じたものである．著者は前著『環境問題の杞憂』（新潮社）で，環境問題に関して不安を煽る言説を批判していた．本書もそのような路線なのかと思って読むと，今回は逆に，アンチ環境論を論駁する内容になっていて驚く．著者によれば，前著の主張は最終的には「優先的に取り組まなければならない環境問題があって，それは国内的にはゴミの減量，地球規模では温暖化の問題」ということなのだという (5)．そこからゴミ問題に対する楽観論や，温暖化に対する懐疑論を論駁していくことが本書の目的になる．

第1章「レジ袋はどんどん使い捨てるべきか」は，ゴミの分別が進んだことでリサイクルされるものが増え，焼却され埋め立てられるものは減ったという話から始まる．リサイクルが必要な理由は，最終処分場が限界にきているということにある．分別の細かさは地域の事情によって異なる（大都市は粗く，中小都市や農村部は細かくなる）．ゴミ処理費が地方財政を圧迫しているので収集の有料化が必要になる．このような身近な話題が簡潔に解説される．

目を引くのは「納豆マヨネーズ問題」である．プラスチック容器はどこまできれいに洗えばよいのか．これについては残念ながら歯切れの悪い説明になっている．

その他，ペットボトルは焼却すべきで，レジ袋削減は無意味だとする武田邦彦の説を論駁するなど，全体的に現在のリサイクルの取り組みを肯定する内容になっている．

第2章「温暖化は本当に人間のせいなのか」は，温暖化の原因は人為起源の温室効果ガスにあることを表明したIPCCの一連の報告書の紹介から始まる．IPCCの報告書は温暖化対策の科学的根拠となっているが，それだけに懐疑論者からの

攻撃の的にもなっている．2009年には，イギリスの気候研究者の私的メールが不正に公開され，その中に都合の悪い情報を隠しているようなメールが含まれていたことから，スキャンダルになった（クライメートゲート事件）．これについて著者は，人為による温暖化を否定するような本質的な誤りではないと判断し，IPCCと懐疑論者の説を比較して，IPCCに軍配を上げている．著者は，二酸化炭素排出量を半減する必要があり，そのためには多大なコストを社会が引き受けなければならないとする．

　第3章「なぜ生物を守らなければならないのか」は，2010年に開催された「生物多様性条約第10回締約国会議」（COP10）において採択された「名古屋議定書」の内容のざっくばらんな説明から始まる．それは，「ある国に生息する野生生物やそこで栽培される農業品種など（「遺伝資源」といいます）を他国が無断で利用するのを規制し，それらを利用して収益を上げた場合は原産国に応分の利益配分をするためのルール」である（138）．

　原産国は途上国であることが多く，利用して収益を上げるのは先進国の企業であることが多いので，途上国に利益を還元するよう先進国に求める事例が多くなる．

　他方で，先進国にも遺伝資源がある．

Part10　環境論を問いなおす

それは品種改良して得られた農業品種である．名古屋議定書によれば，ある国が作った新しい品種を他国が無断で利用する場合にも，利益の還元が求められる．

　また，あまり知られていない点として，名古屋議定書は統一的な国際ルールを定めておらず，遺伝資源の原産国の法律を，利用した国も守らなければならないとする．これは法技術的に難しい問題を提起するものである．

　この部分は各国のパワーゲームの要素が強調されているきらいがあり，著者は先進国の目線で話をしている．シバ『バイオパイラシー』をあわせて読むとよいだろう．

　後半では「ミレニアム生態系評価」，「生態系サービス」，「リベット仮説」，「生物多様性の三つの危機」などが説明される．この部分は説の真贋を判定するのではなく，現在流通している基本的な事項の穏当な紹介となっている．

　最初にふれたように，著者の問題意識はゴミの減量と温暖化問題にある．生物多様性の議論は付け足しのような気がしないでもない．しかし，生物多様性条約が南北問題を背景とした経済条約であることは一般にはあまり知られていないので，その意味では有益である．

『自然エネルギーの可能性と限界』

石川憲二
オーム社，2010年

▼自然エネルギーの技術的な難点を提起した論争の書

　福島第一原発事故以降，脱原発が叫ばれる中で，「再生可能エネルギー」の活用が求められている．だが，それは本当に原発に代わるエネルギー源になりうるのか．

　本書は，再生可能エネルギーについて包括的な技術的検討を行った貴重な本である．刊行年が原発事故の1年前であり，再生可能エネルギーに対する過剰な期待がないのが特徴である．

　タイトルは「自然エネルギー」となっているが，著者はこれをあいまいな名称だとして，本文中では「再生可能エネルギー」を用いている．当時はまだ「再生可能エネルギー」はタイトルになるほど一般的ではなかったのだろう．

　第1章では，風力発電が批判される．すでに，巨大風車が騒音（運転時）や自然破壊（建設時）を引き起こすという点が批判されているが，著者はそれに加えて，風力発電は火力発電の代替にはなりえないという点を指摘する．

　例えば，風車の定格出力とは，最高保証性能であり，最大出力の80～90％を指す．それは，最も多くの電力を効率的に生み出すベストな風速（定格風速）のときの発電量だが，これは瞬間的にしか達成できない数字である．それなのに，「定格出力をそのまま「風力発電の実力」のように喧伝するケースがあとを絶たない」(51)．また，風力は「変動の激しい自然のエネルギーをそのまま使うので，設備利用率が100％近くになることは考えられない」(47)．

　第2章では，太陽光発電が批判される．近年ではソーラーパネルの設置に伴う自然破壊が問題視されているが，本書の批判はここでも技術的な力不足という点にある．そもそも光が電力になるのは，宇宙機器用でも40％，普及型は10％である．設備利用率は12％であり，夜はまったく機能しない．毎日晴れていたとしても40％を超えない．また日本の日照時間は世界的に見て短いという悪条件もある．

Part10　環境論を問いなおす

◇

　このように，著者は風力と太陽光の実力についてかなり懐疑的である．そのうえで，もし風力発電や太陽光発電を行うのであれば，地産地消的な，地域の電力網に特化した形で行うべきだと主張する．

　また，風力を使うのであれば，自然風を利用して室温を下げるような省エネビルを作るべきであり，太陽光を使うのであれば，天窓から取り入れて室内照明にするべきだとも述べている．確かにこれらは，「自然」エネルギーの効果的な利用の仕方といえよう．

◇

　第3章では，水力発電と地熱発電に対する期待が述べられる．

　日本の地形は水力発電に適しており，流込式（ダムを造らない）ならば開発の余地があるという．

　また，地熱発電も日本に向いているが，国立公園内に建設されることや，温泉への影響があることが懸念される．そこで著者は，高温岩体発電技術（HDR）に希望を託す．それはマグマで暖められた高温の岩体に注ぎ込んだ水から発生する蒸気でタービンを回すというもので，これなら近隣の温泉への影響がないという．

◇

　第4章では，いわゆる枯渇性資源を，市場原理を働かせて利用することが提唱される．従来の石油，石炭，天然ガスに

加えて，オイルサンド，オイルシェール，メタンハイドレートにもふれられている．

　また，再生可能エネルギーへの移行を目指すのならば，補助金や買取制度を用いるのではなく，枯渇性エネルギーに対して炭素税や環境税をかけることのほうが効果的と主張される．

◇

　著者の結論は，自然エネルギーが化石燃料を代替することはありえないので，エネルギーシステムの規模に合わせて多様なシステムを上手に組み合わせ，全体最適を行っていくべきというものだ．そこでは，再生可能エネルギーの活用だけでなく，現在あるエネルギーシステムの効率向上と，徹底した省エネ化（運輸・民生部門）が求められると著者は言う．本書は技術革新によってはクリアできない原理的な問題点を突いているので，この結論に納得させられる．

　著者は最後に，現段階では個人レベルで再生可能エネルギーに手を出すのは控え，専門家による大きな単位での運用を求めていくべきだ，と主張する．個人のエコより社会のエコを求めるべきだという意見は，多くの論者が異口同音に述べており，興味を惹かれる．

149

『足もとの自然から始めよう』

デイヴィド・ソベル
日経BP社，2009年

▼子どもを「自然嫌い」にしないための教育カリキュラムを提案

幼い頃から自然破壊の深刻さを教えることは，抽象的かつ悲観的な言説で子どもを押しつぶし，「自然嫌い」（エコフォビア）をもたらす．そうではなく，子どもが共感や探検，秘密基地づくりなどを通して，足もとの自然を愛すること（エコフィリア）が，最も大切なことである——以上が本書のメッセージである．非常にシンプルだが，これは現在のアメリカの環境教育に大きなインパクトを与えている重要な提言なのである．

著者はピアジェ派の発達理論に基づいた環境教育を研究している．本書は現在の環境教育に対する批判から始まる．

著者によれば，熱帯雨林については教育されるのに，身近な森林については教えられていない．熱帯雨林のカリキュラムは中・高校生には適していても，小学生にはふさわしくない．「早すぎる抽象化」によって算数嫌い（マスフォビア）が生まれるように，子どもたちの理解とコントロールを超えた環境問題に対応するよう求めることは自然嫌い（エコフォビア）を生み出してしまう．

ではどうすればよいのか．著者によれば，「小学4年生まで悲劇はなし」にして，この時期までは自然と親和的に過ごすことが必要であるという．子どもの発達段階に合わせた地理感覚を育むことが大切なのだ．

具体的には，①ランドスケープのなかを探検し，仲間になる動物を探すこと．②流域という単位で水循環を学び，川で遊ぶとともに川のお世話をすること．③秘密基地をつくるなかで，場所に対する深い愛着，所有と責任と献身の価値，場所を統治する権威と力と感覚などを身に付けること．それらを段階的に進んでいくなかで，成長してから環境問題や社会問題に具体的に取り組めるようになる，と著者は言う．

巻末にある岸由二の解説では，アメリカにおける本書の位置づけが明快に説明されている．アメリカでは小中学生の野

Part10 環境論を問いなおす

外活動が激減し，「自然欠乏障害」が広がっていることが社会的論議になっており，野外体験の重要性が法案の形にまで反映されている．その流れをつくった著作はリチャード・ルーブ『あなたの子どもには自然が足りない』（早川書房）であり，そのルーブの主張を支えた著書の一つが本書なのだという．

本書に掲載されている写真は，ソベルの原書にはなく，日本語版を刊行する際に付けられたものである．岸も参加している三浦半島小網代や鶴見川流域の活動の中で撮られたものだというが，本文と見事に調和しており，違和感のなさに驚く．

環境教育を学ぶ人だけでなく，子どもの発達に関心のある人，子どもの頃に秘密基地をつくった人全員に読んでもらいたい本である．

注

環境危機を子どもに言い立てることの弊害は，中島敦の自伝的小説「狼疾記」にも描かれている．当時心配されていた環境危機は「寒冷化」だった．

「小学校の四年の時だったろうか．肺病やみのように痩せた・髪の長い・受持の教師が，或日何かの拍子で，地球の運命というものについて話したことがあった．如何にして地球が冷却し，人類が絶滅するか，我々の存在が如何に無意味であるかを，その教師は，意地の悪い執拗さを以て繰返し繰返し，幼い三造たちに説いたのだ．後に考えて見ても，それは明らかに，幼い心に恐怖を与えようとする嗜虐症的な目的で，その毒液を，その後に何らの抵抗素も緩和剤も補給することなしに，注射したものであった．三造は怖かった．恐らく蒼くなって聞いていたに違いない．地球が冷却するのや，人類が滅びるのは，まだしも我慢が出来た．ところが，そのあとでは太陽までもが消えてしまうという．それを考えると彼は堪らなかった．それでは自分は何のために生きているんだ．自分は死んでも地球や宇宙はこのままに続くものとしてこそ安心して，人間の一人として死んで行ける．それが，今，先生の言うようでは，自分たちが生れて来たことも，人間というものも，宇宙というものも，何の意味もないではないか．本当に，何のために自分は生まれてきたんだ？　それからしばらく，彼は――十一歳の三造は，神経衰弱のようになってしまった」（『山月記・李陵　他九編』岩波書店，269）．

151

Part11
地域環境保全と市民の力

『新版ナショナル・トラスト』

木原啓吉
三省堂, 1998年

▼日本における「ナショナル・トラスト」の基本書

　木原啓吉は, 朝日新聞社の記者時代に環境問題について幅広く取材し, そのなかでナショナル・トラストの運動やアメニティの考え方を日本に広く知らせた人物である. 本書を読むと, ナショナル・トラストについて基本的な情報を得ることができる.

　ナショナル・トラストは, 1895年に, イギリスの3人の人物(弁護士ロバート・ハンター, 社会事業家オクタビア・ヒル, 牧師キャノン・ハードウィック・ローンズリー)によって始まった環境保全のための運動である. ここでの「ナショナル」は「国民」,「トラスト」は「信託」という意味であり, 歴史的・自然的な景勝地を国民の財産として保存しようという運動である. まもなく民間最大の土地所有機関, 資産管理団体となり, レイコック村のように村落全体を管理下においたケースもある.
　1907年には, ナショナル・トラスト法が成立し, 資産が「譲渡不能」になったり, 資産に対する入場料の徴収権を得たりと, 法的なバックアップを得ることができた.
　1937年には, ナショナル・トラスト法が改正され,「公衆への公開」が明記された. また, 資産の保存費用を生み出すための基本財産をもつことが認められた.
　1931年には, 財政法改正により, トラストへ寄贈した資産については相続税を非課税とした. また寄贈者の子孫はそこに住み続けることもできるようになった. これは博物館のように凍結保存するのではなく, 生き生きとした状態で保存するためであるという.

　土地の買い取り保存運動で有名なものとして, ネプチューン計画(Enterprise Neptune)がある. これは1962年に, アルスターの海岸の保存が訴えられたことにはじまる. 1965年, エディンバラ公(エリザベス女王の夫)を先頭に, 海岸線の買い取り運動が始まった.

◇

ナショナル・トラスト運動を日本に紹介したのは作家の大佛次郎である．大佛は，1965年2月8日～12日に朝日新聞学芸欄に連載していた「破壊される自然」の最終回のなかで，この運動を取り上げた．

日本のナショナル・トラスト運動として最も有名なのは，「知床100万メートル運動」である．開拓者たちが放棄した土地を，不動産業者が購入しようとしていたときに，斜里町が先んじて土地を買い上げることにした．市は市町村振興基金からの融資で120ha買い取ったが，その借金を返すために寄付を募ったのである．

1977年1月16日の「天声人語」でナショナル・トラストを知った斜里町の藤谷豊町長は，3月に「知床で夢を買いませんか」と呼び掛けて，100平方メートルを8000円で分譲（管理は町が行う）したところ，1980年10月に，最初の目標だった120ha分の土地代と植林事業費9600万円を獲得し，1997年3月にすべての目標を達成．20年で約49000人から5億円余の寄付金が集まったという．

◇

その他，ナショナル・トラストの方式は，和歌山県田辺市の「天神崎の自然を大切にする会」による買い取り運動や，長野県妻籠の町並み保存運動，埼玉県狭山丘陵の「トトロのふるさと基金」の運動などに受け継がれている．

また，兵庫県高砂市では，日本版の「ネプチューン計画」を試み，1975年には「入浜権」を宣言した．

このような市民運動を受けて，1982年には，当時の環境庁自然保護局内に「ナショナル・トラスト研究会」がつくられた．1983年には，各地の運動の連絡・協力組織として「ナショナル・トラストを進める全国の会」が組織された．そして1992年には「日本ナショナル・トラスト協会」が発足し，環境庁が共催組織になった．

◇

以上がナショナル・トラストに関する概略的情報であるが，これらはすべて本書に書いてある．本書をナショナル・トラストの基本書と評した理由が分かるだろう．

木原は本書のなかで，日本社会の問題としてチャリティの伝統がうすいことに触れ，その打開策として税制改革に着目している．これは環境NPO論でも話題にされる点である．欧米に比べて日本では環境NPOにあまり寄付が集まらないという嘆きをよく聞く．寄付に対する考え方の違い（文化的要因，社会的要因）についての研究も必要になってくるだろう．

『南方熊楠　地球志向の比較学』

鶴見和子
講談社学術文庫，1981年

▼「神社合併反対意見」の原文が読める，南方熊楠の研究書

　南方熊楠は，日本に「エコロジー」の考え方を導入した博物学者・粘菌学者として，また柳田国男と並び称される民俗学の巨人として知られる．南方の伝記や研究書は多数刊行されているが，その中で最も基本的なテキストとされるのが本書である．著者の鶴見和子は社会学者で，「内発的発展論」を唱えたことでも知られる．

◇

　第一章は，南方の学問の解説である．ヨーロッパ流の実証主義を身に付け，雑誌 *Nature* と *Notes and Queries* に多数の文章が掲載されたことや，新種の粘菌を発見したことなどが紹介される．
　第二章は，南方の伝記である．幼少期のエピソード，アメリカへの渡航，大英博物館での勉学と孫文との出会い，帰国後の紀伊田辺での定住生活が綴られる．
　第三章では，南方の仕事が，比較民俗，民話の国際比較，比較宗教，神社合祀反対運動という四つの領域に分類される．鶴見は神社合祀反対運動を南方の生涯の

「萃点
すいてん
」として重視するが，環境倫理学の観点からもこの運動には興味を引かれる．それは神社・神林という地域環境を守る運動だからである．以下では本書の記述にしたがって，神社合祀政策の経緯と，南方の反対運動をまとめる．

◇

　始まりは，1906年の末に発令された「合祀令」だった．鶴見によれば，それは明治政府の中央集権化政策の一環である．市町村合併はその行政的側面であり，神社合祀は国民教化の側面であるという．
　1874年の時点で全国に 78280あった町や村が，1888年に市制町村制が施行されると，翌年の1889年末には 15820にまで減少した．それは小さな「自然村」から広域の「行政区」へと，地域そのものの枠組が変わったことを意味する．
　そしてここに，国民教化としての神社合祀令が加わる．1871年の時点で全国の神社は伊勢皇大神宮を頂点として系列化されることになり，1906年には，府県，郡市，町村は，それぞれ府県社，郷社，

村社に幣帛料を供えることができるとされた。その時に、府県郡市町村は、無格社や小さな社は整理した方がよいという議論を展開して、「社寺合併並合併跡地譲与ニ関スル」勅令の発令につなげた。

従来、一つの「自然村」には必ず一つの産土の神社があったので、合併によって二つ以上の産土社をもつ町村が生じたが、この勅令は、「行政村」ごとに一社を原則として、その他の産土社をはじめ種々様々の小社小祠を統廃合することを定めた。合祀の実施は地方官に一任されたため、地域によって統廃合の状況は異なり、中には地方官と利権屋の結託による合祀令の濫用もあったという。

その結果、1906年から1911年末までに、全国で約8万の村社が姿を消した。中でも、南方が住む和歌山県は、三重県とともに、統廃合による減少が最も激しかった地域だという(222-223)。

◇

このような状況に対して、南方は、1909年9月ごろから、新聞や雑誌に神社合併に対する反対意見を発表し始める。「神社合併反対意見」は、1912年の4月から6月にかけて『日本及日本人』に掲載された論文である。この中で南方は、神社合併反対の根拠として以下の七つを挙げている。合祀は、①敬神思想を衰退させる。②地方における争乱の原因となる。③広義の地方経済を破壊する。④庶民の精神面に悪影響を及ぼす。⑤愛郷心を損なわせる。⑥神社の娯楽的・景観的・生態学的機能を破壊する。⑦風景や史蹟、古伝を失わせる。

これらは、地域社会に対して神社がもつ機能や意味を明快に切り出したものといえよう。本書の巻末にはこの「神社合併反対意見」の原文(文語体)が載っているので、ぜひ原文を読んでほしい。

有力者への働きかけを行うなど、南方の献身的な運動によって、1920年に「神社合祀無益」の議決が貴族院を通過し、その後神社合祀の動きは終息した。和歌山県では、南方の運動によって伐採を免れた神林もあるという。特に田辺湾に浮かぶ神島という小島は、「保安林」の指定、のちには「天然記念物」の指定を受けて、現在まで残ることになった。

この南方の奮闘ぶりは、田中正造やジェイコブズを思い起こさせる。鶴見は南方を「地域主義」の日本における先駆的思想家として評価する(232)。妥当な評価だろう。

『鎌倉広町の森はかくて守られた』

鎌倉の自然を守る連合会
港の人, 2008年

▼都市の緑地を守り抜いた市民運動の25年の記録

　本書は鎌倉を舞台に1979年から2003年までの25年にわたって繰り広げられた，市民による緑地保全運動の記録である．

　1973年に，近隣の森に開発の気配を感じた主婦が近所の人たちに相談したことがきっかけとなり，1979年に自治会を主体とする「広町の山を守る会」が成立した．面白いのは，それまでその森の地域には名前がなかったのだが，この時に「広町」という名前がついたということだ．人々が注目し，守りたいと思ったときに，名前が付けられたのである．

　「広町の山を守る会」は，現地の観察会から始め，市長への陳情，署名活動などを活発に行っていく．自治会が主体だったことで信頼を得られたことが大きかったという．その後，保全を求める自治会が結集し「鎌倉の自然を守る連合会」が結成される．この「連合会」が最後まで運動を牽引することになる．

　最初の危機は，1989年，当時の市長が開発を認める発言をしたことである．そこで市長の再選阻止を目指すが失敗に終わる．再度の署名活動，陳情，市長への抗議などを展開し，1993年の選挙で保全派の市長を誕生させる．

　新市長はすぐに開発手続きを凍結させたが，開発事業者はあきらめない．そこで市・市民・開発事業者の三者協議が行われるが，議論は平行線をたどる．1998年に市は開発手続きを再開させる．開発事業者に損害賠償請求訴訟を起こすと言われたからである．

　そこで「連合会」は土地の買い取り資金を集めるべく，トラスト運動に乗り出す．それは2段階に分けられ，1回目は狭い地域の人々から供託金を募り，2回目はより広範囲に呼びかけ寄付金を募るというものだった．その結果，合計で3400万円以上が集まった．

　その間，開発事業者は，緑地周辺に開発計画を公開する標識を立て始めた．そこで市民たちは住民説明会を求め，開発事業者と対峙する．また，環境アセスメントに多数の意見書を提出しつつ，市の

保全策を待つことになる．審議会が出した案は都市計画法に基づく「都市林」にするというもので，これで市が具体的に保全に向けて動き出すことになった．

その後も開発事業者との駆け引きが続くが，ついに2003年に市の買い取りによる全面保全が実現した．

このように本書は市民運動の成功の物語なのだが，行政・開発事業者と環境保全派の市民の闘いだと思って読むと，途中から奇妙な感覚に襲われる．

まず，行政は戦闘の相手ではない．全面保全が実現した後で，「連合会」は鎌倉市長から感謝され，神奈川県知事からたたえられ，国土交通大臣から表彰を受ける．市民の力が行政から評価されるのは喜ばしいことだが，行政とは何なのか，とも思ってしまう．

開発を進めようとした市長が退任し，保全派の市長に変わってからは，市は開発をやめたかったのだが，開発事業者を止めることができなかった．他方，開発事業者も，途中から加害者というより被害者の側面が強まっていく．本当は開発事業をやめたがっているようすさえ窺える．しかしそれだと経営に響いてしまう．事業中止の場合に損害賠償を請求するというのは，それほど不当なことでもない．事実，開発事業者のうちの1社は，次第に経営が傾いていき，物語の終盤には倒産してしまう．

当事者たち全員が，過去の誤った意思決定にしばられて苦しんでいる．それを考えると，市民たちは開発によって利益を得る悪者たちと闘ったというよりも，過去の誤った意思決定や，それを容易には変えられないシステムと闘っていたように思われる．だからこそ，買い上げによる全面保全が決まったときには，市長も市議会も，そしておそらく開発事業者も喜び，すべては丸く収まったのである．

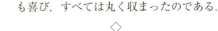

本書は運動の経緯が時系列的に整理されており，非常に読みやすい．事項の説明も丁寧であり，読み手を意識したつくりといえる．

運動の当事者たちは，緑地問題が一地域の環境問題ではなく日本全国，および世界の問題でもあることを強く意識していた．おそらく彼らは，保全を実現させ，そのあかつきには他の地域の参考になるよう，本書のような記録を公刊することまで考えていたのではないか．そうでないと，これほどの良質な本は成立しえないだろう．

『希望を捨てない市民政治』

村上稔
緑風出版, 2013年

▼吉野川第十堰に関する住民投票から政治のあり方を考える

　本書は2000年1月23日に徳島市で行われた, 吉野川第十堰の可動化に関する住民投票に至るまでの経緯を綴った本である. 著者の村上稔は, 徳島市に生まれ, 大阪でリクルートに勤務した後, 地元に戻ったときに自然環境の破壊を目にし, 新聞に投書したところ, 姫野雅義に注目され, 吉野川第十堰の撤去と可動堰の建設をめぐる市民運動に入り込んでいく.

　著者によれば, この運動は「反対ありき」ではなく「疑問あり」と訴えて, 当時の建設省のデータの検証や, 審議委員会のウォッチなどを通じて, 市民の関心を引き寄せていったという.

　建設省は吉野川第十堰の撤去と可動堰の建設が必要な理由として,「老朽化」「せき上げ」「深ぼれ」を挙げていたが, 著者たちは地元住民の意見や実証実験などにより, その理由の妥当性を否定していく.

　そんな中, 参議院選挙があり,「可動堰中止」を公約に掲げた候補を応援していくことになるが,「しがらみ」によって公約は反故になる. また審議委員会が「可動堰が妥当」という結論を出す. こうした状況のもとで, 姫野が住民投票を提案し, 住民投票条例をつくるよう直接請求するために, 署名運動を始める.

　結果的に, 有権者のほぼ半数の署名が集まったが, 市議会はこの条例案を否決する. そこで著者たちは, 自分たちが議員になることでこの状況を変えようとする. そして「住民投票を実現させる市民ネットワーク」をつくって5人が立候補し, 著者を含む3人が当選する.

　市議会議員になった著者は, そこで生の政治の姿を知ることになる.「三割自治」の中で, 中央の官僚が地方の事業を決めていく. 政党もそれぞれの思惑がある. 紆余曲折を経て, 投票率が50％未満なら開票しないというルールのついた住民投票条例案が可決される.

　住民投票を行うことが決まったので, 次は, 投票率を上げるための運動を行う

ことになった．投票日が2000年1月23日なので，123と書かれたプラカードを掲げて街角に立つ．その謎かけによって話題を集め，投票に行く人を増やすというアイデアである．

そして投票日になり，投票率は55％，可動堰反対派が多数を占める投票結果となった．

以上が，本書に書かれている住民投票に至るまでの経緯と，運動に関わった著者の体験談である．選挙運動の様子や議員としての体験の部分，住民投票への呼びかけの部分は，読み物として非常に面白い．

また本書には，随所に各地の市民運動に向けたアドバイスが挟み込まれている．例えば，「政党とは距離を保つ」こと，なぜなら政党には党勢拡大という思惑があるからである．また「党の方針」が出ると市民が蚊帳の外になってしまう，という生々しい忠告もある．

その他，「運動のデザインを大切にする」というアドバイスもある．メジャーな運動にするには「見え方」が大切であり，きちんと訴えたいという本気の姿勢が伝わらなければならないという．

最も参考になるのは，著者が「希望を捨てない市民政治＝勝てる市民政治」の要点を三つにまとめている箇所だろう．それは①「論理的であること」と「ビジョンをもつこと」．②「マスコミとうまく付き合っていくこと」．③「楽しく」やることである．この部分は國分功一郎が『来るべき民主主義』の中で共感をこめて引用している．

最後に，著者に影響を与えた思想家についてふれておきたい．それは『スモールイズビューティフル』で有名なシューマッハーであり，本書にも最後に少しだけ登場する．

議員生活の後，村上が選んだのは「ソーシャルビジネス」の世界だった．徳島市で「買い物難民」の対策として移動スーパー「とくし丸」の事業を起こし，現在はそのサポート会社を運営している．この事業はシューマッハーの思想と直接的に結びついている．著者は『スモールイズビューティフル』の第二章に自分の仕事の哲学がそのまま書かれていることを見て，「ソーシャルビジネスこそがハッピーへの道」という確信を得たという．この話は著者の『買い物難民を救え！』（緑風出版）の第6章に書かれている．この本も抜群に面白いので，あわせて読むことを薦めたい．

『「奇跡の自然」の守りかた』

岸由二, 柳瀬博一
ちくまプリマー新書, 2016年

▼反対運動ではない自然保護の方法をやさしく説く

　本書の著者の一人である岸由二は，進化論生物学の研究者であり，「流域」をベースにした自然保護の実践者でもある（詳しくは岸由二『「流域地図」の作り方』筑摩書房を参照）．柳瀬博一は，日経BP社の編集者であり，岸の盟友ともいえる存在である．本書はそんな二人が取り組んだ，神奈川県三浦半島にある「小網代の谷」の保全運動の全容を綴った本である．

◇

　本書の「はじめに」（柳瀬博一）では，小網代の保全が成功した理由として，①珍しい生き物が貴重と言うのではなく，「流域まるごとの自然」が貴重だと言う，②開発する企業や自治体を悪者にせず，一緒にやっていきましょうと歩みよる，③開発反対！と言わず，開発は賛成です！と言う，④反対デモなどはいっさいやらない，⑤反対が得意なだけの政治屋さんや団体さんには声をかけない，という点を挙げている．

　開発賛成というのも印象的だが，それ以上に，「流域まるごとの自然」を強調しているのがポイントである．関東地方で「流域が源流から海まで丸ごと自然のまま残されている」のは小網代しかないのである．小網代を代表する生きものアカテガニは，ライフサイクルの中で陸から海に移動するので，まるごと自然の状態で残されていないと繁殖できなかっただろう，という生きものなのだ．

◇

　物語は1984年に岸が小網代の谷を訪れるところから始まる．岸はそこが「奇跡の流域生態系」であることを瞬時に理解する．そこにゴルフ場を中心とする総合開発計画が持ち上がっていることを知り，流域1番，希少種2番の保全作戦をスタートさせた．

　岸は，この地域に大規模な開発計画があることを，保全のチャンスだと捉えた．「谷の中で，散発的な住宅開発が始まってしまえば，その段階で小網代の流域まるごとの保全は，不可能な状況になってしまいます．しかし，その場所を含む大

Part11 地域環境保全と市民の力

きな開発の計画があれば，逆に，個別の開発を回避し，まとまった保全を実現してゆくことができる可能性が生まれるはずなのです」(51)．

そこから岸は，「ゴルフ場を開発する代わりに小網代の谷の自然を保全することで，より高付加価値な開発になることを呼びかける代案の提示」を行った(69)．ゴルフ場開発に反対する署名運動が成功し，小網代を訪れた海外の生態学者たちから絶賛されるなど，保全運動は順調に進んでいく．「カニパト」やトラスト会員募集への協力などによって，一般市民の応援団を増やすことも続けていった．

そして1995年，神奈川県知事が「小網代の森の保全」の方針を表明し，ゴルフ場開発はストップした．しかし，誰がどの制度を使ってどのように保全するのかについては明確にならなかった．さまざまな手入れを行い，多くの市民が訪問して支えるべきと考える岸たちの立場は，人が立ち入らない厳正保全を求める人たちや，管理には市民団体を排除した行政関連組織が当たるべきとする人たちと衝突する．そのような団体間の軋轢を調整する機関として，「小網代野外活動調整会議」が発足し，トラブルになるのを防いでいった．

2001年にようやく事態が動き，県との協働整備を行うことになった．2005年に国土交通省から「近郊緑地保全地域」の指定を受け，2011年には市街化区域から市街化調整区域への逆線引きが行われ，保全が確定する．

その後の岸の活動は，小網代の湿原・水系の回復に向けた具体的な整備作業だった．しかし，こうした「手入れ」に関して，自然破壊だという批判が起こる．木を倒し，草を刈り，木道を通すことに対する批判を，岸は誤解と無理解として退ける．彼らの整備による場所の変容過程を写真で紹介しているので，これが自然破壊かどうかを読者が判断できるようになっている（148-149）．

「あとがき」（岸由二）では，小網代保全のような展開が王道とは言わないが，対立型の自然環境保全もまた基本マニュアルにはならないだろう，と述べている．「環境保全の課題には，時代，地域，テーマそれぞれの個性に対応した多様・多彩な対応戦略があっていい」．ただし，今の環境保全活動は，あまりにも単純かつ紋切型の対立型になっている，とも述べている．バランスのとれた見解である．

『環境ボランティア・NPOの社会学』

鳥越皓之編
新曜社，2000年

▼環境ボランティアとNPOについての環境社会学の論文集

現代社会には，政府（国と自治体），民間企業(自営業を含む)に加えて，NGO・NPOという組織体が存在する．NGOはNon Governmental Organization（非政府組織），NPOはNon Profit Organization（非営利組織）を表すが，両方合わせて，政府でも企業でもない第三の働き口と考えることもできる．

日本では，1998年に制定されたNPO法によって，特定の分野（当初は12分野，2002年の改正により17分野）で活動する団体を法的に認定することになった．その中には医療，環境，教育などの分野がある．本書は，環境NPOについて環境社会学者が考察した数少ない論文集である．

◇

第1章では，レスター・サラモンのNPOの定義が紹介される．

「①正式に組織されたものであること，②政府と別組織であること，③営利を追求しないこと，④自己統治組織であること，⑤ある程度自発的な意志によるもの であること，⑥宗教組織でないこと，⑦政治組織でないこと」（6）．

このうち①正式に組織されたものとは，「法人」であるか，「有給の職員」がいるかのいずれかをさすという．この規定は重要である．ボランティアやNPOというと「無給」をイメージする人が多いからである．

◇

第3章では，アメリカの環境NPOが，「公式組織」，「草の根環境NPO」，「直接行動型」，「政策提言型」の四つに分けて紹介されている．

このうち「直接行動型NPO」と「政策提言型NPO」という区別はNPO論の基本にあたる(早瀬昇・松原明『NPOがわかるQ&A』岩波ブックレットでは「対抗型」と「政策提言型」と表現されているが，内容は同じである)．

一方「公式組織」は，シエラクラブのような，白人の中産階級による穏健な自然保護団体を指し，「草の根環境NPO」とは，低所得層や白人以外のマイノリテ

ィを含んだ人々による，都市型公害などに取り組む団体を指す．ここでは環境をめぐる人種差別（環境正義）が大きな問題とされる．この区別はアメリカの文脈をかなり反映したものといえよう．

第10章は，千葉県知事を務めた堂本暁子によるNPO法立法過程の裏話である．ここは本書の読みどころの一つといえよう．

著者によれば，NPO法人の定義に「公益性」と「無報酬性」を入れるかどうかで，党派間で激しい議論があったという．その結果，「公益性」ではなく「不特定かつ多数のものの利益の増進に寄与すること」という文言になり，「無報酬性」を盛り込むのではなく，収益事業を認めることになった．

また，NPO法人の対象となる活動分野の一つを「環境の保全」にするか「地球環境の保全」にするかという論争もあり，結局は「環境の保全」になった．

これらが何を意味しているのかについては，ぜひ本書を読んで確認してほしい．

第8章と第11章は，環境ボランティアになるための動機づけがテーマとなっている．特に第8章の井上治子による「有効性感覚」という概念が重要である．

問題を自分のものとして捉えるという意味の「当事者意識」では，主体的に動き出すには足りないのである．自分が動けば社会が変わる，自分は社会に影響を与えられるという「有効性感覚」が必要なのだ．この「有効性感覚」という用語は "Feel personally, act locally, think globally"（高柳敦）と並んで，もっと注目されてよい用語である．

残りの章は国内の事例分析である．第2章は与野市（当時）のリサイクルについて，第4章は逗子の市民運動についての論文である．第5章は5人の著者による事例紹介である．特に，妻籠の町並み保存については，6ページで必要十分な情報が得られ，便利である．第6章は襟裳岬の緑化事業についての考察がなされる．第7章の白神山地に関する論文は，鬼頭秀一『自然保護を問いなおす』と，第9章の滋賀県石けん運動に関する論文は，嘉田由紀子『水辺ぐらしの環境学』とあわせて読むとよいだろう．

このように，本書を読むと環境NPOについての概略を知ることができる．また環境社会学の論文集としても薦められる．

『プロボノ』

嵯峨生馬
勁草書房, 2011年

▼NPOとボランティアのマッチングによる新しい社会貢献の姿を描く

　本書は,「プロボノ」という新しい社会貢献のあり方を紹介した本である.「プロボノ」とはラテン語の「公共善のために Pro Bono Publico」に由来する言葉で,「社会的・公共的な目的のために, 自らの職業を通じて培ったスキルや知識を提供するボランティア活動」を指す (24). 米国では, 弁護士による社会貢献活動を指していたが, 2001年に創設された「タップルートファウンデーション」の取り組みによって, ITやマーケティング, デザインといった職種の人々の社会貢献活動にまで拡張されるようになった (34).

　「プロボノ」が従来のボランティアと違う点は,「自らの職業を通じて培ったスキルや知識」を提供するという点にある. 弁護士であれば, 契約書作成業務を無償で行うことがプロボノになる (25). 企業人であれば, 企業で培ったノウハウによって「NPOの組織内部に踏み込んで, 事業戦略やマーケティング戦略などの組織の基盤構築により深くコミットする」ことがプロボノになる (29).

　現代社会では, プロボノとして活動したいと思っている個人がいる. 著者の分析によれば, 現代の日本人には「会社を辞めないという慎重さ」と「社会全体にも自身にも意義を感じられる活動を求めるという志向」がある (81). つまり, 会社で仕事を続けながら, 社会貢献活動もできれば一番良いということになる.

　一方で, サポートを必要としているNPOが存在する. 多くのNPOは,「事業計画の策定, 事業展開の政策立案, 広報・コミュニケーション, 人材育成・組織づくりなどにおいては, 十分なノウハウがあるとは限らない」. つまり, NPOは事業の専門家のサポートを求めており, そこにプロボノの機会があると著者は言う (66).

　しかし, 社会貢献活動をしたいと思っている企業人と, サポートを求めるNPOが, 自然にうまく結びつくのは難

しい。両者はまったく異なる文化に生きており、話がかみ合わないことが予想されるからである。そこで、両者の間を取り持ってマッチングをする仕組みが必要になる（42-43）。

それを米国で行ったのが「タップルートファウンデーション」であり、それを参考に著者は、「サービスグラント」というNPOを立ち上げた。「サービスグラント」の参加者は、働き盛りの20-40代が大多数を占め、ボランティア未経験者が多いという。そんな彼らが、平日夜や週末の時間に社会貢献活動に熱心に取り組んでいるという。

本書で興味深いのは、いわゆる企業人と、NPO（および行政）の意識の違いについての記述である。

NPOや行政の人たちは「ホームページも、友人に頼めば数万円でやってくれると思っており、デザイン料やコンサルティング料という概念がそもそもあまり理解できない人もいるかもしれない」（128）。

一方、プロボノワーカーたちは、「企業の尺度をそのままNPOに持ち込み、『普通の企業なら当然できていることがこのNPOにはできていない』と、NPOの不完全なところを指摘する評論家になってしまうケースがある。そこには、NPOという組織が、ビジネスの世界では想像できないほど、ごく限られたリソースの中で活動しているという現実への認識不足があるのかもしれない」（102）。

両者の意識のずれは、プロボノ活動の成否にも影響を与える。

「ボランティアの側に、相手がNPOだから、そして、無償だから、という気持ちがあると、通常のビジネスの顧客に対しては決して行わないような態度を支援先のNPOに対して取ってしまう可能性がある。同様にNPOの側にも、相手は本気でないから、どうせタダだから、といった意識が働いてしまうと、そのプロジェクトに対して十分な労力を割くことが正当化できなくなってしまう」（136）。

著者によれば、こうした意識を乗り越えて、「お互いがお互いにとってきわめて重要なパートナーであるという意識を共有することが不可欠」であり、「両者の調整を行うことが、プロボノを企画運営する者の役割」なのだという（136）。

本書は、NPOやボランティアに関する最新の理論を伝えるものである。それ以上に、NPOの運営に悩んでいる人や、有意義な社会貢献活動を行いたい人にとっては、大きな指針となる本といえよう。

『レジリエンス 復活力』

アンドリュー・ゾッリ, アン・マリー・ヒーリー
ダイヤモンド社, 2013年

▼21世紀のキーワード「レジリエンス」を理解するための最良の書

　近年, 環境分野では「サステナビリティ」(sustainability)に代わり,「レジリエンス」(resilience)がキーワードとなりつつある. ただし, この「レジリエンス」という言葉は, 土木工学や生態学といった広義の環境分野に限らず, ビジネスや心理学の分野でも用いられており, その適用範囲は広い.

　本書は, そのような「レジリエンス」概念の広がりを射程に入れたうえで, その中核的な意味を見事に解説した本である. レジリエンスを理解するにはうってつけの1冊といえる.

　レジリエンスという言葉の意味を正確に知りたいならば, 序章を丁寧に読むとよいだろう. あるいは, レジリエンス概念が具体的な問題にどのように応用されるのかを知りたい場合には, 続く各章が参考になる. そこでは, 近年の大きな事件・事故・災害を題材に, 姿が描き出されている. この各章を読むと, レジリエンスについてだけでなく, 近年の大きな事件・事故・災害の概要を知ることもできるので, そこからこの本を, 最新版の「現代史」のテキストとして用いることも可能である.

　以下では, 章ごとに本書の内容を紹介する.

　序章ではレジリエンスの定義や必要条件などが示される. この本でのレジリエンスの定義は「システム, 企業, 個人が極度の状況変化に直面したとき, 基本的な目的と健全性を維持する能力」というものである (10). また, レジリエンスの必要条件は, 「フィードバック——危険な変化を察知して対応する」と, 「資源とプロセスの脱集中化」であるという.

　その他, サステナビリティが静的なのに対してレジリエンスは動的な概念であること, レジリエンスは「失敗」を組み込んだ概念であること, そこに「全体論」(ホーリズム)という視座があるということも重要である.

　第1章では, 「頑強だが脆弱なシステ

ム」が崩壊するしくみについて述べられる．事例としては，海洋生態系（サンゴ礁の崩壊），インターネット，金融（リーマンショック）が取り上げられる．これらはレジリエンスが欠如していた例である．

第2章では逆に，レジリエントなネットワークの例として，アルカイダ，結核菌，新しい電力網が取り上げられる．

第3章では，都市と熱帯雨林におけるレジリエントなシステムについて説明される．特に「サンボジャ・レスタリ」（不朽の森）という熱帯林再生プロジェクトが紹介される．ここでは自然界の多様性が模倣され，「短期的にはダヤク族の人々の日々の生活を支え，中期的には絶滅の危機に瀕したオランウータンの生存能力を高め，長期的には熱帯雨林の生態系の回復に貢献する」ことが目指される（150）．

第4章では，個人のレジリエンスが論じられる．この章は心理学におけるレジリエンスの紹介として独立して読める章である．

◇

第5章からは，社会のレジリエンスがテーマとなる．第5章では，2010年に起こったハイチ大地震において，被災者の救援に関して活躍した「ミッション4636」が成功例として紹介される．

第6章では，「リスクのホメオスタシ

ス理論」という衝撃的な学説が紹介される．それは，〈人間はある領域でリスクが軽減すると，自分が快適と感じるリスク温度に戻るまで，ほかの領域でリスクを引き上げる〉という説だ．例えば，アンチロック・ブレーキング・システムを装備したタクシーは，装備していないタクシーより事故率がわずかに高くなるという．

第7章では，バングラディッシュの事例が示される．そこでは，汚染された井戸の使用を禁止すべく政府が介入したが，それが無残な失敗に終わったことが記される．

第8章では，「通訳型」リーダー（トランスレーショナルリーダー）の重要性に光が当てられる．ここでは，パラオを訪れるダイバーと漁師との対立を調停したノア・イデオンの活躍がつづられる．

第9章は，レジリエンスの習得についての考察である．内容は多岐にわたるので，印象的な記述を一つだけ引用しておく．「困難なシナリオから派生する事態をコミュニティのメンバーが共に検討したとき，レジリエンスが育つのだ．ある一つの混乱について議論する経験を積んだコミュニティは，将来の混乱に対して準備万端の構えで臨むことができるだろう」（364）．

『孤独なボウリング』

ロバート・パットナム
柏書房，2006年

▼「社会関係資本」の有効性を世に広めた政治学者の大著

　本書は政治学者ロバート・パットナムがアメリカを舞台にして「社会関係資本」(social capital) という視角の有効性を証明した本である．689ページに及ぶ大著であるが，内容は興味深く，時間をかけても読み通す価値はある．

◇

　第1部は「社会関係資本」の概論である．社会関係資本とは，社会的ネットワークがもつ価値のことである (14)．社会関係資本の正の影響としては，「相互扶助，協力，信頼，制度の有効性」が，負の影響としては，「派閥，自民族中心主義，汚職，テロ組織，ギャング，ニンビー」が挙げられる．

　社会関係資本には「橋渡し型」(外向き，潤滑油) と「結束型」(内向き，強力接着剤) の2種類がある．この区別は後まで効いてくる．

　また，コミュニティや市民参加の衰退を嘆くのではなく，それらの崩壊と再生の歴史を探るのが大切であり，「昔はよかった」という単純なノスタルジーを避けるべきだ，という指摘も重要である．

◇

　第2部では，市民参加と社会関係資本における変化が分析される．政治参加の現状 (投票率の低下，政党組織の増大) や，自発的結社への参加の現状 (コミュニティ，教会，労働組合) が紹介される．

　次に，インフォーマルな社会的つながりが分析されるが，ここで興味深いのは，「マッハー」(大立者，中心人物，コミュニティにおける万能の善き市民) と「シュムーザー」(おしゃべり，口達者) の区別である．シュムーザーは，市民的スキルを築き上げることはないが，社会的ネットワークを維持する上で重要だとする．そして市民の政治参加の減少という以前に，1日中すごすことのできるたまり場の消滅などにより，シュムージングの減少が起こっていることが根本問題だとする．

　その他，ボランティア活動，互酬性と信頼，小集団とインターネットといったテーマが論じられる．

Part11　地域環境保全と市民の力

◇

　第3部では，1980～1990年代にコミュニティが凋落した原因を探究している．自由時間の減少，金銭的不安，共働き，移動性，都市化，郊外化，テレビ，世代，といった要因が一つ一つ入念に検討され，市民参加の減少はテレビの影響と世代の影響によるものだということが明らかにされる．

◇

　第4部では，社会関係資本による影響が分析される．著者は，社会関係資本の影響は定量的に示すことができると言う．「測定可能で十分な証拠のある仕方で，社会関係資本はわれわれの人生に巨大な違いを生み出すのである」(355)．

　例えば，社会関係資本が豊かな地域は，教育・児童福祉にも良い影響があり，近隣の安全性をも確保する（ジェイコブズの著作も参照）．また，社会関係資本が豊かな地域は，経済的にも成功しやすい地域になる（フランシス・フクヤマの著作も参照）．さらに社会的ネットワークの豊かさは，健康や幸福感をもたらす．特に重要なのは，社会関係資本が自発的結社の結成を促し，それが参加民主主義の基盤になるという点である（著者のイタリア研究も参照）．

　最後に著者は，社会関係資本の暗黒面を指摘する．その原理は「友愛」であり，「自由」や「平等」と対立するかもしれ

ない．確かに，「結束型」の社会関係資本は，非自由主義的影響を持つ可能性がある．ただし，自由主義に対する脅威は最も参加しない者がもたらす，という警告も著者は与えている．

◇

　第5部では，以上をふまえて「何がなされるべきか」が提案される．ここで著者はアメリカの歴史を振り返ることで，教訓を得ようとしている．具体的には，革新主義時代（1900-1915）に，工業化社会の中でコミュニティを育てるための道具を作り出そうとする試みがあったことを紹介している．その時代につくられた組織（ボーイスカウトなど）は，現在の市民組織の土台にもなっているという．

　最後に著者は，社会関係資本を満たすには，制度的な変化と個人的な変化が必要だとして，市民参加の機会の供給と需要の双方に取り組む必要があると述べている．

◇

　本書には，討議民主主義，市民的美徳，友愛といったコミュニタリアニズムの文献で用いられる言葉が登場する．これらを理解するために，菊池理夫・小林正弥編『コミュニタリアニズムの世界』（勁草書房）を読んでおくとよいだろう．

『リナックスの革命』

ペッカ・ヒマネン，リーナス・トーヴァルズ，マニュエル・カステル
河出書房新社，2001年

▼21世紀版の『プロテスタンティズムの倫理と資本主義の精神』

　本書は，タイトルだけを見ると，ITの発達史に関する本と思われるかもしれない．しかし，実際には技術的な話はあまり出てこない．むしろ，21世紀の〈働き方〉を提示した本として読むことができる．

　内容的には，『プロテスタンティズムの倫理と資本主義の精神』の21世紀版といえる．原書のタイトルは The Hacker Ethic and the Spirit of the Information Age であり，この翻訳「ハッカー倫理とネット社会の精神」が，訳書では副題として添えられている（ちなみにここでの「ハッカー」とはプログラマ一般のことを指す）．

　本書で「ハッカー倫理」は，マックス・ウェーバーのいう「プロテスタンティズムの倫理」との対比において語られている．

　ハッカー的労働倫理とは，仕事に情熱的に関わるという態度であり，哲学者，芸術家，職人などにも見られる．それに対して，プロテスタント的労働倫理は，労働はそれ自体が目的と見なされるべきであり，仕事中は自分の役割を精いっぱいに果たすべきであり，仕事は義務と見なすべきであり，やらなくてはならないからやる，というもので，このような倫理が資本主義を生み出したというのがウェーバーの分析である．

　ヒマネンによれば，プロテスタント以前は，仕事は楽園追放の結果であり，労働は苦役であった．神も6日働いて7日目には休んでいるように，人生の目的は日曜日であった．プロテスタンティズムの倫理は，こうした労働観を変化させ，人生の重心を日曜日から金曜日に移したのだという（第1章）．

　ハッカーは時間との関わりが自由であり，プログラム開発は必ずしも9時〜5時に行わなくてもよい．彼らは自分に合ったリズムで人生を楽しんでいる．それに対して，プロテスタント的労働倫理は，労働と時間との関連が強い．ベンジャミ

Part11　地域環境保全と市民の力

ン・フランクリンの「時は金なり」という捉え方が，プロテスタントの時間の捉え方である（第2章）．

◇

プロテスタンティズムの倫理では，仕事と金銭はそれ自体が目的と見なされる．また現在では「所有」の概念が強化され，情報にも適用されている．金銭の獲得が動機となり，情報を囲い込んでいく．

それに対してハッカー倫理は，情報の共有や公開を掲げている．そこでハッカーを動かす原動力となっているのが「仲間からの称賛」である．同じ情熱を持つ共同体のなかで称賛されることは，彼らにとって金銭よりも重要で，深い満足感を与えてくれる．それは学者の場合とまったく同じである（第3章）．

リナックスを開発したリーナス・トーヴァルズは，最初からネット上でアイデアを募ることによって第三者を巻き込んでいた．そこでアドバイスをもらうことで，何千というプログラマを巻き込み，豊かな成果を生み出してきた．

それに対し，「クローズドモデル」をとる企業では，権威者が目標を設定し，それを実現するために閉じた集団を選択する．その集団が自分たちだけで試験を完了したら，他の人々はその結果をそのまま受け入れなくてはならない（第4章）．

ハッカーは，言論・表現の自由やプライバシーと並んで，個々人の「活動」を重視している．消極的な受け手として生きるのではなく，自分の情熱がどこにあるのか気づくことが大切になる（第5章）．

『フランクリン自伝』のような自己啓発本の教えに従う人々は，自分の人生をネットワーク企業であるかのように見なす．その論理は，人間同士の関係にも当てはめられる．それは人の心から他者への直接的な思いやりを奪ってしまう．ハッカーはそれに対して，他者への思いやりを訴え，弱者への直接的支援（資金援助など）を行っている（第6章）．

プロテスタンティズムの倫理の価値観は，①お金，②仕事，③最適性，④柔軟性，⑤安定性，⑥目標指向性，⑦結果の説明可能性，とまとめられる．それに対し，ハッカー倫理の価値観は，労働倫理（①情熱，②自由），金銭倫理（③社会的価値，④オープンさ），ネット倫理（⑤活動，⑥気遣い），⑦創造性である（第7章）．

本書でヒマネンは，絶妙な対比と比喩を用いながら，21世紀のあるべき〈働き方〉を描いている．本書を読むと将来に希望が持てるような気がしてくる．

Part12
場所論と風土論

『生物から見た世界』

ユクスキュル,クリサート
岩波文庫,2005年

▼主体となる生物にとっての環境である「環世界」について解説

「環境」を『広辞苑』で引くと,「めぐり囲む区域」とある.英語でも environment は "that which environs" で,同じ意味になる.ドイツ語には,「環境」にあたる言葉は Umgebung と Umwelt の二つがある.どちらも「めぐり囲むもの」という意味をもつ.このうち Umgebung を,ある主体のまわりに単に存在しているものとし,Umwelt を,その主体が意味を与えて構築した世界として,両者をはっきり区別したのが,本書の著者ユクスキュルである(日高敏隆「訳者あとがき」を参照).

本書でユクスキュルは Umwelt を,主体の知覚に基づく「知覚世界」と作用に基づく「作用世界」から構成される「環世界」と規定した.例えばダニは,視覚も聴覚も味覚ももたず,ただ①酪酸の匂い,②動物の皮膚温,③動物の体毛の触感,という三つの刺激にのみ反応してエサ(生き血)にありつく.そこから,その三つの知覚標識と作用標識が,ダニ

の環世界ということになる.これはダニに固有のものであり,他の動物の環世界は違ったものになる.これが本書の基本的な考え方である.

環世界においては,空間も時間も主体とセットになっている.「主体から独立した空間というものは決してない」.すべてを包括する世界空間はフィクションであり便宜的なものだと著者は言う(52).また時間も主体が生み出したものだという.これについては本川達雄『ゾウの時間,ネズミの時間』(中央公論社)が参考になる.

本書に書かれている動物の環世界の具体例を紹介しよう.

コクマルガラスは静止しているバッタの姿は認識できず,動いたときに初めてその姿を捉えることができる.したがって昆虫の「死んだふり」は非常に有効である.

ミツバチは星形や十字型の図形に好んでとまり,円や正方形を避ける.これは

ミツバチにとって咲いた花しか意味がない，ということに由来する．

　ヤドカリの気分によってイソギンチャクの意味が変わる．ヤドカリの家にイソギンチャクを付けるとイカの攻撃を防ぐのに役立つので，イソギンチャクに出会うと「保護のトーン」になり，家に付けようとする．ヤドカリが家を奪われたときにイソギンチャクを見ると，「居住のトーン」になり，無駄ではあるがその下にもぐりこもうとする．ヤドカリが飢えているときには「摂食のトーン」になり，イソギンチャクを食べ始める．

　またこの議論は，人間でも個々人の間で環世界が異なるという話につながる．ユクスキュルは「人間の環世界の多様性を確かめる最も簡単な方法は，知らない土地をその土地に詳しい人に案内してもらうことである」．「なじみの道は個々の主体によってまったく異なっており，したがって典型的な環世界の問題といえる」(99)．

　最後に，環境（Umgebung）と環世界（Umwelt）の関係についての記述を紹介する．著者は，客観的現実性があるとは思えないような魔術的な現象が環世界に現れることをふまえて，次のように述べている．「環世界には純粋に主観的な現実がある．しかし環境の客観的現実がそのままの形で環世界に登場することはけっしてない．それはかならず知覚標識か知覚像に変えられ」る．「いずれの主体も主観的現実だけが存在する世界に生きており，環世界こそが主観的現実にほかならない」(143)．

　ユクスキュルは，コクマルガラスとホシムクドリの部分について動物行動学者ローレンツの協力を得たことを記している．

　ローレンツの議論はさまざまな分野に影響を与えている．地理学者アプルトンは，人間が景観（環境）から美的な満足感を得られるのは，そこに生息地の条件——「眺望」(prospect) と「隠れ場」(refuge) の象徴——が備わっているときであり，逆に「危険」の象徴が備わった景観は好まれないと主張して，これを「眺望―隠れ場理論」と呼んでいる（『風景の経験』法政大学出版局）．この理論は，ローレンツの「自分の姿をかくしたまま相手の姿をみることができる．それは狩るものにとっても，狩られるものにとっても有利なことなのだ」（『ソロモンの指環』早川書房，225）という一節に基づいているという．

　動物行動学は，人間の環境とのかかわりを考える際に参考になる．学んでおいて損はないだろう．

『〈身〉の構造』

市川浩
講談社学術文庫，1993年

▼「生きられる空間」という観点から，現代の居住空間を分析する

　市川浩は，『精神としての身体』（講談社）によって，日本に身体論を普及させた哲学者である．本書はその続編にあたる本である．

　第一章では身近な話題から著者の身体論の世界に引きずり込まれる（例えばビリビリッと答案用紙を破く学生の話など）．第二章では，〈身〉の構造とその生成モデルという著者独自の考察が示される．第三章では，〈身〉の思想に立脚した空間論が展開され，第四章では「錯綜体」という言葉で著者の〈身〉の思想がまとめられる．以下では，第三章「生きられる空間」の内容を紹介する．

　「生きられる空間」とは何か．市川によれば，それは幾何学的な空間や物理的な空間とは異なり，ここ―あそこという〈場所〉と〈方向〉をもつ，不均質で有限で奥行きのある空間である．

　ここに〈身〉があることによって，「生きられる空間」は方向性を帯びたものとして〈身分け〉される．我々にとっ

て，〈前〉は明るく開かれた空間を意味し，〈後ろ〉は暗く閉ざされた空間を意味する．また多くの文化において，〈右〉は〈左〉よりも価値的に優位なものとされているが，〈左〉優位の文化もある．〈上〉は神や天のイメージであり，〈下〉は地獄や黄泉の国のイメージである．

　さらに市川は，講義室が後ろの席から埋まっていくとか，レストランの席がコーナーから詰まっていくという例を挙げている．このように，「生きられる空間」は均質ではなく，〈身〉によって価値づけられた不均質なものなのだ．

　また市川は，こうした〈身〉を中心とする空間の分節化は，自己中心化でもあるとする．同時に我々は，たえず自己中心性を脱出し，他者（ひと）の身になってみることができる（脱中心化）．また，岩や木などの場所を注連縄で囲うなどして特異化するという形で，聖なる中心を作り出し，世界を秩序化する（超中心化）．「そのとき人間は自分が聖なるもの

Part12　場所論と風土論

の秩序のうちに位置づけられているという安堵感を抱く」と著者は言う（160）．

市川によれば，〈身体－家－聖殿－都市－宇宙〉は入れ子構造にあるという．「身体－家－神殿－都市－宇宙といったものが，互いに互いの象徴となる．そして身のうちに自分があるように，家のうちに自分があるとき，われわれは，くつろぐことができる．それに対して，自分の身のうちにあるように，自分が家のうちにあると感じられない家は，よそよそしく冷たい．同様によそよそしい都市とくつろげる都市がある」（161）．

この入れ子構造の中で，都市のつくり方として，中心型と非中心型，幾何学型と自然型が考えられるが，多くの都市にはこれらの重層性が見られるという．いずれにせよ，伝統的な社会にはこうした入れ子構造や宇宙軸があった．

ところが，近代から現代にかけて，社会空間のなかのそうした聖なる固定点が消失したと市川は言う．「入れ子構造が破壊されて，空間が均質化してゆく．場所の特異性が失われ，中性化する」（172）．この均質化された空間とは具体的な世界像を思い浮かべることができない「像なし」の世界であるという．

市川によれば，このような均質空間を居住空間や建築空間として具現化したものが，ユニヴァーサル・スペース（普遍空間）の発想だという．それは「三次元の空間座標を立体格子として現実化したようなもの」であり，「どういう用途にも使えるような中性的で無性格な均質の空間」である（176）．

このような空間のなかで，我々は身と宇宙のつながりを見出すことが困難になっているが，それでも絶えず差異を発生させ，何らかの形で宇宙とのつながりを見出そうとしているのが現在の状況だ，というのが市川の分析である（178）．

ここで紹介した本書第三章は，身体論・空間論に立脚した現代都市論にもなっている．読みやすいのでスラスラ読めてしまうが，中身が詰まっているのでじっくりと読んだ方がよい．このようなテーマに関心をもったら，市川の論文集『身体論集成』（中村雄二郎編，岩波書店）や，オットー・ボルノウ『空間と人間』（みすず書房），ミルチャ・エリアーデ『聖と俗』（法政大学出版局）を読むことを薦める．空間論の濃密な世界を味わうことができるだろう．

『ジンメル・エッセイ集』

ゲオルク・ジンメル
平凡社ライブラリー，1999年

▼エッセイの哲学者が風景，人工物，大都会について縦横に語る

　ゲオルク・ジンメルは，マックス・ウェーバー，エミール・デュルケムと並び評される社会学の巨人である．また，優れた洞察に基づく哲学的エッセイの書き手としても有名であり，そこから「エッセイの哲学者」とも呼ばれている．

　本書は，ジンメルの哲学系の作品を集めた『ジンメル著作集』全12巻（白水社）の中の，『芸術の哲学』から4本，『文化の哲学』から4本，『橋と扉』から2本，著作集未収録の1本のエッセイを組み合わせて編まれた．目次には，「廃墟」「把手」「アルプス」といった項目が並んでおり，一般の哲学書とは一味違うことが分かる．

◇

　中でも有名なのは「橋と扉」というエッセイである．ポイントは，人間にのみ「結び」「切り離す」力が備わっているということにある．「われわれ人間は，いつかなる時であろうと，結ばれたものを切り離し，切り離されたものを結びつけているのだ」(56)．

　この観点から，橋について次のような考察がなされる．最初に，「道」についての説明がある．「二つの場所の間に初めて道を設けた人たちは，人間の仕事のうち，最大のものの一つを果たしたのである」．というのも「ここにおいて，結びつけようとする意志が，具体的な物にまで形成された」からだ．そして「橋の構築において，この人間の仕事は絶頂をきわめる」．「橋はわれわれ人間の意志の領分が，空間へと拡がるさまを象徴している」．このように橋は人間の意志を表しているのだが，他方で美的な価値を持つ．「橋は，その構成においてはどう見ても自然を超えているのに，しかも自然の情景に組み込まれている」．「ごく普通に，風景の中の橋は「絵画的」な要素として受け取られる．橋でもって，たまたまその場に存在していたにすぎない自然の景物は，ぐっと引きしめられ，統一される」(56-59)．

◇

　そして，扉については次のような考察

180

がなされる．彼はまず，「小屋」を建てるという行為の説明から始める．それは「限りなく連なる空間の中から一部分を切りとり，これをひとつの意味に叶うように特別な統一にまで形作る」ことである．

その上で「扉」の説明がなされる．彼によれば，扉は「切り離すのと結びつけるのとは，一つの行為の二つの面でしかないということを，さらにきっぱりと表示している」．というのも，「扉は，人間の空間とその外側にあるすべてとの間に，たとえていえば関節を設けるのだが，そのことを通じて扉は，内部と外部との分離を止揚してしまうのだ」(60)．

ジンメルはそこに次のような精神性を見る．「限られている人間のありようは，扉が動くものだということが象徴している可能性，限られた場からいつでも自由なひらかれた世界に歩み出る可能性において，初めて意味と品位を見出すのである」(66)．

このようにジンメルは，身近な人工物の考察から，目が覚めるような人間学を展開していくのである．他にも，「廃墟」，「把手」，「額縁」では人間学とともに藝術論が展開される．「アルプス」，「風景の哲学」「ベックリンの風景画」は風景論である．「フィレンツェ」と「ヴェネツィア」を合わせて読むと，二つのタイプの都市の比較研究ができる．風景と都市を考えるうえで，ジンメルの考察は今でも参考になるものが多い．

◇

ただし，都市論として有名な「大都会と精神生活」については注意が必要である．ここでジンメルは，大都会における人々の心性を，「神経生活の昂進」，「知的」，「投げやり」，「控えめな態度」といった言葉で表している．また，貨幣経済や時計（時間厳守）という要素が「知的」とセットになって大都会に君臨しているという．

これは当時のヨーロッパの大都会の状況を知る上では興味深いが，現代の日本の諸都市にはあまり当てはまらないように思われる．そもそも日本の都市の大部分はジンメルの分類では「小さな町」に当たるだろう．また，貨幣経済や時計の影響は，現代の日本では都市に限らずどこでも見られる．

本書と同時期に，未邦訳だったエッセイを中心に編まれた北川東子編訳・鈴木直訳『ジンメル・コレクション』（筑摩書房）が刊行された．清水幾太郎編訳『愛の断想，日々の断想』（岩波書店）とともに，折に触れて読むと楽しめる．

『風土　人間学的考察』

和辻哲郎
岩波文庫，1979年

▼毀誉褒貶が激しいが，読むと至高の読書経験が味わえる名著

本書は現在の環境問題とは直接の関係はない．本書が刊行された時代に，現在言われている環境問題はテーマ化されていなかった．本書が環境倫理学について何も語っていないのは当然である．それがなぜ環境倫理学において読まれるべき文献になるのか．

『風土』の議論から風土性＝通態性というテーマを摘出し，現在の環境問題に対して応用することを試みたのはオギュスタン・ベルクだった．ベルクは本書のどこに着目したのだろうか．

本書は五章から成るが，最も有名なのは第二章で記述される風土の三つの類型（モンスーン，沙漠，牧場）の部分である．

モンスーン（東アジア）の特徴は「湿潤」である．湿潤は自然の恵みをもたらし，かつ暴威もふるうため，人々は自然に対する対抗を断念する．こうしてモンスーンにおける人間は「受容的・忍従的」となる．

沙漠（西アジア）の特徴は「乾燥」である．そこで自然は恵みではなく死を意味するので，人間は自然に対して対抗的になり，人工的なものが尊重される．人々は，自然との戦いのために団結を迫られ，部族（共同体）や神（人格神）への服従が求められるようになる．こうして沙漠では，人間と世界とが「服従的・戦闘的」な関係をもち，そこでの人間は「実際的・意志的」な性格になる．

牧場（ヨーロッパ）の特徴は「湿潤と乾燥の総合」であり，特に夏は乾燥し，冬に湿潤になることから，年間を通じて自然は温順になる．このような自然は人間に対して従順で，かつ合理的な姿を人間の前に示す．こうして「人間の自然支配」が行なわれ，「合理的精神」が発達する．

この部分には和辻の旅行体験が反映されており，本書の中でも最も印象に残る部分である．本書は刊行時（1931年）には大変な評判を呼んだが，のちにこの部

分に関して「環境決定論」という悪評がたった.

「環境決定論」とは,地理学者ハンチントンによる〈低緯度地域の気候は文明の発達を遅らせる〉といった議論に対してなされた批判である.気候(自然環境)が人間の気質を決定するという一種の宿命論であり,そこから人種差別や帝国主義につながる危険な議論とみなされた.『風土』もこれと同じとみなされ,しばらくの間,批判的な文脈で紹介されてきた.

ベルクは,本書を最初に読んだ時には「決定論的な愚論」であると感じたという.しかし,アフォーダンス概念を知ったうえで,『風土』の第一章を読み直したところ,その意義を理解することができたと述懐している.

第一章で和辻は,「風土の基礎理論」として,主体と環境との関係を主客二元論を乗り越えた形で提示している.彼は具体的に「寒さ」を例に挙げて説明している.

寒さは単なる主観的経験ではなく,外気の寒冷という客観的な実体がある.人間は客観的な「寒さ」の中に出ている.人間はその寒さの中で自分自身を了解し,また寒さに反応してさまざまな適応を行っている.その適応の多様性が文化(着物や家屋など)の多様性につながるのである.

「風土」に関するこのような説明が,ベルクに強い影響を与え,現代の環境問題にも適用できる風土論の構築(キーワードは通態性)に向かわせることになった.ただしベルクは,先に見た第二章の記述は第一章の説明に反して「環境決定論」に陥っているとして,この部分の評価は変えていない.

しかし,第二章の記述が「環境決定論」であるかは疑わしい.そこには風土の制約を乗り越える道についても記されているからである.

「変革は風土の克服に待たねばならぬ.しかし風土の克服がまた風土的なる特殊の道によるほかはないのである.すなわち風土の自覚を歴史的に実現することによってのみ,人間は風土の上に出ることができる」(51).

最後に付け加えたいのは,本書の文章の魅力についてである.飾り気なしに読者を魅了する文体は,哲学書としては危険なものとさえいえる.しかし,ここで示したような数々の注意点をわきまえながら読めばよいのである.本書は流麗な文体と興味深い内容によって,読書の面白さを満喫できる名著である.

第Ⅱ部　環境倫理学の枠組みを広げるための50冊

『森林の思考・砂漠の思考』

鈴木秀夫
NHKブックス，1978年

▼人間の文化を「森林的性格」と「砂漠的性格」の二つに分類

　鈴木秀夫は地理学者・気候学者であり，「風土」という名を冠した書物を2冊──『超越者と風土』（大明堂）と『風土の構造』（講談社）──書いている．本書は，その2冊のエッセンスが詰まった本である．前半（第一章から第四章）では，「森林的性格」と「砂漠的性格」という言葉で文化や宗教を分類する．後半（第五章と第六章）では，分布図に基づいて考えるという思考方法の例示を行っている．

　本書の前半の内容は「あとがき」のなかで著者自身によって要約されている．これ以上ない要約なので，やや長いがほぼそのまま引用する．

　「人間の思考方法は，森林的思考と砂漠的思考の二つに分けられること，それは，世界が「永遠」に続くと考えるか，「有限」であると考えるか，人間の論理にとってはどちらか一つに分かれることに根ざしているから，その二つにしか分けられないことを述べた．

　具体的には，森林的とは視点が地上の一角にあって，「下から」上をみる姿勢であり，砂漠的とは「上から」下をみる鳥の眼を持つことであった．「見とおしの悪さ」「見とおしのよさ」という対比でもある．「慎重」と「決断」の対比でもある．「専門家的態度」と「総合家的態度」の形容でもある．

　そして，その森林的思考，砂漠的思考は，かならずしも森林に住むか砂漠に住むかによって分かれるのではなく，森林的思想──具体的にはたとえば仏教──のなかに育ったか，砂漠的思想──具体的にはたとえばキリスト教──のなかに育ったかということによるもので，（中略）自然→思考様式→人間，すなわち，自然によって生まれた思考様式をうけ継ぐことによって人間が自然にかかわっている，ということもできるであろう．しかも，思想は，それ自身の論理の力によって動くから，かならずしも現在の自然環境と対応して，森林的思考と砂漠的思考が存在しているのではない．むしろ，その起源は，五〇〇〇年前の乾燥化によ

Part12　場所論と風土論

って一神教が確立された時にある．砂漠化の先行したイスラエルでは，砂漠のなかに雨をもたらす嵐の神として一神が理解されてユダヤ教が成立し，そこでは神は，人間も世界も超越したものと考えられることによって，世界が有限であり，はじめと終りがあるものと理解されたのに対し，森林のなかの瞑想によって一神に到達したインドのバラモン教では，神と世界がともにあること，したがって世界も永遠にあって流転を続けると理解されたわけである」(215-216)．

この鈴木の議論は，オギュスタン・ベルクによって環境決定論に陥っているとして批判された（「エデンの園と新たなパラダイムのはざまに」『思想』1995年10月号）．

「環境決定論」という批判は，20世紀初頭に発表されたアメリカのハンチントンの議論に対して向けられたものである．ハンチントンは，文明と気候の相関関係を検討した結果，中緯度地域の気候は文明を発達させ，低緯度地域の気候は文明の発達を遅らせるという結論を導いた．この議論は，「環境決定論がいかに人種主義や帝国主義と腕を組み合うものになりうるかという例証」（アーノルド『環境と人間の歴史』新評論，53）と評されている．そこまでひどくないとしても，風土論は，自然環境の影響を人間は乗り越えることができないとする「宿命論」として見られることが多い．

◇

では，ベルクの鈴木批判は妥当だろうか．この観点から本書を読んでいくと，鈴木が「宿命論」とはかけ離れた議論を行っていることが目立って見えてくる．

鈴木は，森林的性格と砂漠的性格の比較によって，よくある比較文化論のように西洋文化を相対化して東洋文化の評価を上げることを目的にしてはいない．むしろ，日本の森林的性格に批判的なところがあり，日本人が砂漠的性格をもつことを期待してもいる．現に，「進歩」という発想が普及したことによる日本の「砂漠化」を著者は喜んでいる．その限りでは宿命論どころか近代啓蒙主義の立場に近いとさえいえる．

また彼は，学問について，砂漠的な「理論の建設」よりも森林的な「事実の分析と記載」の方に共感を覚えるとしながら，「それでも私自身は，事実の正確な記載が不得手で，私にはこう思える式の論文を書くことが多い」と言う (29)．これは，森林的な風土の中にいながら，著者がその風土を飛び出しているということに他ならない．この本は環境決定論ではない．

185

『文明と自然』

伊東俊太郎
刀水書房，2002年

▼科学史と比較文明論の蓄積から環境問題に応答する

　本書は，日本における科学史と比較文明論の第一人者である伊東俊太郎が環境問題について応答した本である．伊東の主著は『比較文明』（東京大学出版会）であり，そこには著者の文明論のエッセンスが詰まっている．本書は『比較文明』（1984年）よりも18年後の著作なので，情報が更新されている部分もあり，両方あわせて読む価値がある．

◇

　本書『文明と自然』は三部構成となっている．第Ⅰ部は『比較文明』の内容を発展させたもので，第Ⅲ部は『一語の事典　自然』（三省堂）の内容がそのまま収録されている．
　第Ⅰ部では，人類史における六つの革命（人類革命，農業革命，都市革命，精神革命，科学革命，環境革命）について書かれている．これは人類史上，最も重要な事件だけをコンパクトにまとめた通史として読むことができる（最後の「環境革命」だけは，現在進行中とされ，それが成就されるという期待が込められて

いる）．重要なのは，それの革命が環境変化によって生じたとしている点（第一章）と，それぞれの段階で自然観が異なるという指摘（第二章）である．

◇

　ここでは第一章の筋を紹介する．
　①人類革命（人類誕生）は500万年前にアフリカで起こった出来事だが，その背景には寒冷化と乾燥化があったという．
　②農業革命は，東南アジア（根栽），パレスチナ（小麦・豆），西アフリカ（雑穀），メソアメリカ（トウモロコシ），長江流域（米）でそれぞれ生じたが，これらにも気候変動が影響している．
　③都市革命は，シュメール，エジプト，インダス，中国（いわゆる四大文明）に起こり，新大陸ではメソアメリカとアンデスに起こった．この背景には乾燥化の影響があるという．
　④ギリシア（ソクラテス），インド（仏陀），中国（孔子），イスラエル（預言者）で，ほぼ同時期に宗教や哲学が誕生した．これを精神革命という．その背景

Part12 場所論と風土論

には，寒冷化により遊牧民が移動し，定
住農耕民と接触したことがあるという．
⑤科学革命は17世紀の西欧においてのみ
生起した．その背景には寒冷化があり，
農作物の不作や疫病などを「自然支配の
理念」によって克服しようとしたという．

◇

第Ⅱ部では，「日本人の自然観」とし
て，まず万葉集から，人間と自然の「根
源的紐帯」が剔出される（第一章）．圧
巻なのは，「日本思想の特質」を定式化
した部分である．それは，①非実体性・
過程性，②相互性，③自己生成性という
特質であり，具体的に，安藤昌益，三浦
梅園，西田幾多郎の思想や湯川秀樹の理
論の中にそれらが存在することを見事に
説明している（第二章）．湯川の中間子
の発見は東洋的自然観をもっていたから
なされたという類の話は眉唾物のように
思われるが，本書を読むとあながち嘘で
もないことが分かる（第三章）．

◇

第Ⅲ部では，ギリシア，アラビア，ヨ
ーロッパ，中国，日本の「自然」の概念
が解説される．それをふまえて，「おわ
りに」では21世紀の自然観が展望される．
まず，現在の日本語の「自然」には，
中国の「おのずから」の思想と，ヨーロ
ッパの森羅万象を統括する「ネイチャ
ー」の思想が並存しており，その中で
我々には，その二つの思想を統合する

（「森羅万象としてのネイチャー」が「自
ら然る」ものとして自立的能動性を獲得
する）という課題が与えられているとい
う．

ヨーロッパでも，ギリシア語の「ピュ
シス」やラテン語の「ナートゥーラ」に
は「おのずと生まれ，生長していくも
の」という意味があったが，デカルトに
至って機械論的「自然」になり，人間に
より操作され利用される対象となった．
しかし現代の「自己組織系」に代表され
る自然観は，有機的な「生命システム」
をモデルとする自然観であり，「おのず
からしかる」という日本の自然観に近づ
いてきていると伊東は言う．

そしてこのような自然観を確立するこ
とが，伊東の求める「環境革命」の中身
なのである．

◇

本書は伊東が科学史と比較文明論の蓄
積から環境問題に応答した本として興味
深く読める．伊東には『十二世紀ルネサ
ンス』（講談社）などの名著がたくさん
ある．壮大な内容を分かりやすく伝える
筆力は驚異的である．

『空間の経験』

イーフー・トゥアン
ちくま学芸文庫，1993年

▼「空間」と「場所」からの人間学がもたらす温かい環境論

　イーフー・トゥアンは，アメリカの地理学者であり，文化地理学の中に「人間主義地理学」（現象学的地理学ともいう）を打ち立てた人物として知られる．しかし，彼の著作からは，地理学者という枠を超えて，学際的な知見に基づく文化史家であり，博覧強記の知識人という印象を受ける．

　加えて不思議なことに，彼の書いたものを読むと，学術論文であるにもかかわらず，ある種の感動にみまわれるのである．

　トゥアンのキーワードの一つは，「トポフィリア」（topophilia，場所愛）である．同名をタイトルに冠した論文に目を通したところ，文学作品に似た読後感があった．また「シャーロック・ホームズの景観」という論文には，読者が感心するような「落ち」がある．

　そんなトゥアンの主著といえるのが，本書『空間の経験』である．本書の柱は二つある．一つは，「空間」（space）と「場所」（place）という区分に基づく人間論であり，もう一つは「場所」に対する人間の多様な経験の記述とその擁護である．

　トゥアンの説明によれば，空間とは人間にとって〈自由かつ危険〉な環境であり，場所とは〈安全かつ窮屈〉な環境である．そして健康な人は，この両方の環境を経験しているという．

　「場所」の典型は「家」である．旅行から帰ってきたときに「ほっとした．やっぱり家が一番だ」と言う人がいる．「それならなぜ旅行をしたのか」と突っ込みたくなるが，トゥアンの説からするとそれは健康な証拠である．人間は安全だが窮屈な場所から自由を求めて危険な空間へと旅立つが，やがては場所に帰って来て安心する．実はこれは健康な人なら誰でも毎日行っていることなのである．

　以上をふまえて，トゥアンは「場所」に対する多様な経験を記述する．いくつか紹介しよう．

Part12 場所論と風土論

まず場所の親密さに関して．「自分の
家というものは，夏よりも冬の方がより
親密な感じがする．冬は，われわれのか
よわさを思い知らせ，自分の家を避難所
として規定する季節だからである」
(241)．

また「場所」を比喩的に用いた箇所も
ある．「幼い子供にとって，親はまず第
一の「場所」である．幼児にとっては，
世話をしてくれる大人は栄養と保護の源
泉であり，確固たる安定性のある避難所
なのである」(243)．

さらに以下の記述からは，場所をつく
るものは人間の「生活」と「時間」であ
ることが示唆される．

「取り囲まれ人間化されている空間は，
場所である．空間と比べると，場所は確
立した諸関係の安定した中心である」
(101)．

「時間が経過するうちに，われわれは
ある場所に馴染むようになる．つまり，
ますますその場所を当然のものとして受
け容れることができるようになるのであ
る．時間が経過するうちに，新しい家は
あまりわれわれの注意をひかなくなる．
それは，古いスリッパのように，出しゃ
ばったところのない打ち解けたものにな
るのである」(326)．

◇

この議論は，環境倫理学にどのような
役割を果たすのだろうか．一つには，場

所に対する愛着が環境保全の動機づけに
なるということである．依然として開発
圧力の激しい中にあって，誰からも関心
を持たれていない所は，すぐに開発され，
変容してしまう．しかし，愛着を持って
見守られてきた場所に対しては，残そう
とする動機が生まれる．そして長く変わ
らない場所があるということは，人間に
とって重要なことなのだ．「人間は自分
自身ははかないものであり，世の中は偶
然と流転に満たされていると思っている．
それに対して，場所は永遠的なものであ
るので，人間にとって安心できる心強い
ものなのである」(275)．

◇

もう一つは，彼の議論には人間とその
営み（文化，都市，人工物）に対する温
かいまなざしがあり，そのことが，つら
く悲しい情報に接することの多い環境問
題研究者に前向きな希望を与えてくれる．
環境倫理学が厭世的な「人間嫌い」に陥
らないようにするには，文化や都市の肯
定的な面に注目することが必要だろう．

本書には，全ページに線を引く箇所が
あるほど啓発的な記述が多い．同じこと
は，著者の『個人空間の誕生』（せりか
書房）にも当てはまる．こちらは「近
代」を空間の分節化という観点から分析
したものである．読んで損はない．

189

『場所の現象学』

エドワード・レルフ
ちくま学芸文庫，1999年

▼トゥアンと並び立つ「人間主義地理学」の代表者の主著

　エドワード・レルフは，カナダの地理学者である．トゥアンと並ぶ，「人間主義地理学」（または現象学的地理学）の第一人者として知られている．本書はそのレルフの主著にあたる．

　トゥアンと同様に，「場所」に対する人間の経験の諸相を記述しているが，レルフの記述のほうが体系的である．また，トゥアンが場所に対する経験の多様性を重視しているのに対して，レルフは経験の質を問題にする．このことは，レルフの議論がより規範論に近づいているということでもある．それは環境倫理との結びつきを示唆している．この〈場所に対する経験の質〉という観点から，本書の特徴を紹介してみたい．

　第1章では，「場所」の定義や，「地理学」の基礎づけがなされ，「現象学」の採用が表明される．

　第2章では「空間」について，第3章では「場所」についてさまざまな方面から考察される．ここまでの記述には教科書的な雰囲気がある．

　本書の本領はここからである．第4章でレルフは，場所を部内者（insider）として経験している人と，部外者（outsider）として経験している人を区別する．ここで彼は，「外側からの経験」を否定的に捉え，「内側からの経験」を肯定している．

　両者はさらに細分化されるが，大雑把に言って，外側からの経験とは，場所に悪い感情を抱いているケースと，場所の特性に無関心なケースである．このような経験は推奨できないことになる．

　逆に内側からの経験は，意識的に愛着をもっているケースと，無意識的な結びつきがあるケースに分けられる．そのうえでレルフは，無意識的に結びつくことを人に求めるのは矛盾があるので，意識的に愛着をもつことを推奨している．

　第5章では，「場所のセンス」（または場所に対する態度）の「本物性」（authenticity）

Part12　場所論と風土論

と「偽物性」(inauthenticity) とが区別される．場所に対する偽物の態度とは，ステレオタイプの表層的で大衆的な価値においてのみ経験され作り出される「キッチュ」に関係した態度と，機能や技術にかかわる特性や可能性だけを評価する「テクニーク」に関係した態度である．

第6章では，このような偽物の場所のセンスによってつくられた場所に「没場所性」(placelessness) の特徴が表れるとする．没場所性とは，「意義ある場所をなくした環境と，場所のもつ意義を認めない潜在的姿勢の両者を指す」という．

没場所性については，第7章の景観論をはさんで，第8章で再び話題にされる．

本書には外側と内側，本物と偽物というように，二項対立による特徴づけが多く見られる．このことから，本書の主張を，伝統的な場所を良しとして，近代技術や大衆文化によって作られた場所を否定する，伝統主義的な主張と受け取る向きもあるかもしれない．

トゥアンは『トポフィリア』(筑摩書房) の中で，ある作家の自伝的小説の中に，ガソリンスタンドに対する愛着が表れているのを肯定的に引用しているが，レルフの立場はそれとは対照的なものに見えるかもしれない．

しかし，例えばレルフは，無意識につくられた伝統的な景観が，現在では「熱狂的に保護されたり復元されてさえいて，かえってその偽物性を保証」していると言ったり (172)，逆に近代建築のような「外部からは均質で没場所的に見えるものが，内部からは持ち物にも個性が反映するようになり，土地の行事や民話の伝承に参加し，そして住むことによって，しっかりと場所の質を持つようになる」とも述べている (174).

ここから，レルフの力点が，場所の形態よりも，場所に対する態度にあることが改めて確認される．場所に対して内側からの本物の経験をもつよう推奨することが，レルフの規範的な主張といえる．

◇

日本語で読めるレルフの本は，本書の他には『都市景観の20世紀』(筑摩書房) があるだけである．全体として，才気煥発なトゥアンや，気宇壮大なベルクに比べて，レルフは地味で堅実なタイプといえる．このように性質のまったく異なる3人だが，彼らの著作は相互補完的になっており，まとめて読むと人間と環境についての一つのビジョンが見えてくる．

『風土としての地球』

オギュスタン・ベルク
筑摩書房，1994年

▼風土の考察から「環境整備の規範」を導き出す

　オギュスタン・ベルクは，現代フランスの代表的な文化地理学者だが，環境倫理学の視点から見ても重要な人物である．彼の学問は，北海道をフィールドにした文化地理学に始まる．それが日本文化論へと展開し，そこで出会った『風土』の影響で，最終的には哲学的な「風土学」の構想へと至る．その間に，都市景観や環境倫理についての議論が挟まっている．

◇

　代表的な著作を年代順に見ていくと，ベルクの研究対象の変遷が分かる．

　初期の著作『空間の日本文化』(筑摩書房) は，空間に焦点を当てた卓抜な日本文化論であり，日本の特徴を，「主体は適応的，象徴は有効 (縁と間)，広がりは集中，空間は面的 (遠近法の拒否，奥の構造)，細胞が主要 (タコツボ)，準拠点は隣 (世間)」とまとめる．

　次の『風土の日本』(筑摩書房) では，日本文化論を「自然観」に焦点を当てて展開し，その中で風土の理論を本格的に構築している．そこでベルクは，風土の特徴を「通態性」(trajectivite) と規定し，風土とは「自然的かつ文化的，主観的かつ客観的，集団的かつ個人的」なものであると説明している．

◇

　その後，本書『風土としての地球』において，風土論に立脚した倫理が語られ，すぐ後の『地球と存在の哲学』(筑摩書房) では環境倫理を乗り越えて風土の哲学の構築へと向かう．その集大成として書かれた『風土学序説』(筑摩書房) は「存在論と地理学の結合」を目指して，プラトンの「コーラ」とアリストテレスの「トポス」を比較したり，デカルト的二元論 (自然の対象化，モダニズム) と，ソシュール言語学 (ものと意味の分離，ポストモダニズム) の両方を批判したり，ハイデガーと和辻のラインに，メルロ＝ポンティの身体論，ギブソンのアフォーダンス，ブルデューのハビトゥス，西田の場所論，古代中国思想 (老荘など) を加えて論じたりして，風土論の大伽藍をつくりあげている．

◇

このように，ベルクの思索は，日本文化論から風土論の大伽藍へと向かっていったのだが，率直に言って『風土学序説』は論点が散漫になった感がぬぐえず，逆に『風土の日本』は日本文化論との重層が論旨を複雑にしている．

ここでは，論旨が明快であり，また環境倫理学の観点から最も重要な著作として，本書『風土としての地球』を読むことを薦める．

◇

本書では，ベルク風土の定義の中の，〈風土＝主観的かつ客観的〉の説明に焦点が当てられている．ベルクによれば，主観ばかりが強調されると人間中心主義（文化・自由）になり，客観ばかりが強調されると環境決定論（自然）になる．しかしそれらは両方とも幻想であって，人間は環境からの情報を受け取って環境に影響を与えるという相互作用を行っていることを理解すべきであるという．

トゥアンの『空間の経験』やレルフの『場所の現象学』は，人間が環境に与える意味づけを重視するあまり，ややもすると主観的な面がクロースアップされがちだった．彼らの本を読んだ後に本書を読むと，ベルク風土の意義は，環境が人間に与える情報を重視したところにあると評価できる．

この点で，ベルクが「アフォーダンス理論」を援用しているのは注目に値する．アフォーダンスとは，環境が動物に与えるために備えている意味や価値を表す知覚心理学の用語であり，例えば手が枝をつかむ時の枝や，岩の凸凹に足をかけるときの凸凹を指す．人間は自由に環境を把握しているのではなく，環境の側に存在する特徴，情報，手がかりをもとにして，環境にアクセスしているのである．気候が文化に影響を与えているという議論は，この観点から読むことで説得力を増すだろう．

◇

ベルクは本書の最後に，実践的な提言として「環境整備の規範」を提出する．「①風土の客観的な歴史生態学的傾向，②風土に対してそこに根をおろす社会が抱いている感情，③その同じ社会が風土に付与する意味，これらを無視するような整備は拒否されるべきである」(167)．そして開発者には「地方地方の尺度に身をおくこと」と，「問題の当事者たる住民の意見に耳を傾けること」を求めている（168-171）．

これは風土論の立場から提出された環境倫理と言ってよい．

『環境倫理と風土』

亀山純生
大月書店,2005年

▼風土論の知見を生かして現場で役に立つ環境倫理学を目指す

亀山純生は,日本宗教思想史と西洋の倫理学の両方に通じ,さらに環境倫理学をも専門分野にしている.本書では風土論の観点からの環境倫理を論じている.

前半部は,従来の環境倫理学の批判的な検討に充てられている.

第1章では,環境倫理学についての著者の立場が示されたうえで,欧米の「自然の内在的価値」論が批判される.

第2章では,「人間と自然との共生」というスローガンが吟味される.まず,自然界の共生から「人間と自然の共生」を導出する議論の矛盾点が指摘される.次に黒川紀章の社会的共生論が,現実にある抑圧構造を隠蔽する議論として批判される.そのうえで著者自身の「人間と自然との共生」の理念が提示される.

第3章では,欧米の「動物の権利」論が批判的に検討され,著者自身の動物倫理の公理が提示される.また「自然の権利」概念の問題点が検討されるが,最後にはその実践的な意義が語られる.

後半部では著者の風土論が全面展開される.第4章は本書の中心部分であり,風土の定義と今日的意義,和辻哲郎の風土論の難点の剔出,独自の風土的環境倫理の規範の提示が主な内容である.

第5章では,風土感覚の育成と,合意形成の場面に風土性や景観がもたらす意義などが論じられる.

第6章では,風土的環境倫理とグローバルな環境倫理との関係性,江戸＝原風景として称揚する議論への批判,風土的環境倫理と現代の大都市との関係が論じられる.

このように多様な内容をもつ本書の特徴を3点にまとめてみたい.

第一に,本書のスタンスはアメリカの「環境プラグマティズム」に通じる.それは環境倫理学の議論が現場や政策に影響を与えうるようなものにすることを求める立場だが,亀山もそのことを再三にわたり主張している.

「はじめに」には「意図的に環境倫理学が現実の環境問題解決のために何を提起しうるのか，と問うてみた」とあるし(4)，第一章では，原理の探求は「"正しい"自然の観方や人間と自然の"根源的有り方"を示すことそのもの」が目的ではなく，「現場で対立する意見の倫理的妥当性の論拠として，つまり合意の成り立つ理念的立場の解明・提示として」意味をもつと述べている（19）．

第二に，本書は桑子敏雄の環境哲学と親和性がある．桑子は，『風景のなかの環境哲学』（東京大学出版会）のなかで，風景の意味や価値は，多くの場合，その地域に住んでいる人びとには認識されていないことが多いので，その風景の意味を再認識するプロセスが大切であると述べているが，亀山は本書で同じテーマを論じ，専門家の役割に焦点を当てて次のように述べている．

「あらたな風土認識の共有が課題となる地域では，風土の生態的傾向と歴史的傾向の発掘の意義はいっそう重要となる．その場合，生態学者や歴史家などの専門家の役割が非常に大きいが，同時にそれが風土性（風土の方向）の確定において特権的位置を占めてはなら」ず，「風土性はどこまでも地域住民の総合的判断に待つ」．しかし「とくに，住民の間で風土の自覚ないし認識が共有されていない場合，さらには風土が希薄化している場合は，風土性の判断において専門家に事実上依存する度合いは必然的に高くなろう」（168）．

ここでの「専門家」の中には環境倫理学者も入ることだろう．

第三に，本書には風土論が偏狭なローカリズムに陥ることを防ごうとする意識が随所に見られる．

一つは著者が普遍性の追求をやめていないことである．「実体的な普遍主義倫理を否定」し，その代わりに「多様な倫理観・価値観に共有可能な倫理の「普遍性」を追求する」（22）．これは鬼頭秀一のスタンスにとてもよく似ている．

もう一つは，グローバルな環境問題が意識されていることである．本書の中で高柳敦の発言として引用されている"Feel personally, act locally, think globally"は，「地域的個性を前提としつつそのネットワーク・連帯の原理としてグローバル原理を構成する」という亀山の立場を見事に表したフレーズといえよう（88）．また"Feel personally"を最初に掲げているのもよい．もっと広く知られてよいフレーズだと思う．

195

Part13
景観保全と都市環境

第Ⅱ部　環境倫理学の枠組みを広げるための50冊

『エコエティカ』

今道友信
講談社学術文庫，1990年

▼技術連関の社会＝都市社会における新しい倫理の提案

　日本の環境倫理学は1991年の『環境倫理学のすすめ』によって実質的にスタートした．しかし，その直前に，哲学者・美学者として有名な今道友信によって，小著ながら本格的な「新しい倫理」＝「エコエティカ」が提案されている（その萌芽はすでに1970年代の今道の著書に見られる）．この本は環境倫理学の可能性を広げるものであるが，それ以前に，現代の都市社会の倫理学として広く一般に読まれるべき内容がある．

◇

　今道によれば，「エコエティカ」とは「人類の生息圏の規模で考える倫理」であり，科学技術の連関から成る社会という新しい環境の中で，人間の直面するさまざまな新しい問題を含めて，人間の生き方を考え直そうとする新しい哲学の一部門であるという．家の倫理や国家の倫理などではなく，科学技術を環境とする現代社会の倫理ということだ．

　新しい名前をつけなくても，これこそが「環境倫理学」という感じがするが，

今道は，「環境倫理学との違い」として，エコエティカは「環境の変化から出てくるエコロジカルな変化に基づいて，人間が主体的に自己の行為をどのように決定しなければならないか，を問題にする」と述べている．しかし，これも環境倫理学の問題ではないかと思われる．

　では一般的な環境倫理学に比べたときのエコエティカの特徴は何か．章ごとに内容を見ていきたい．

◇

　第1章「エコエティカとは何か」では，先に記した定義がなされたうえで，技術社会は文化・倫理を必要としない可能性があることや，技術社会の特質が「時間の短縮」にあり，倫理的思考も圧縮されることが指摘される．そんな時代にあっては，倫理学は過去の命題の研究だけではなくて，新しく命題を立てることを行わなければならないとされる．

　また，現代はアリストテレスが示した「行為の三段論法」の逆転が起こっており，目的のために手段を選ぶのではなく，

198

手段のために目的を選ぶことが多くなっている．そこでは個人の倫理だけでなく，委員会（団体）の倫理が重要になるという．

◇

第2章「倫理の復権」では，倫理を「対人倫理」から「対物倫理」へと拡張することが説かれ，文化財や芸術作品に対する倫理的責任にも言及される．

現在の人間の環境は，高度に機械化され技術化された環境であり，それを今道は「技術連関」と呼んでいる．その中では，これまで一致していた「知覚範囲」と「行動範囲」にずれが生じる．そこでは従来の対面倫理が通用しなくなってくる．また，技術連関という環境に無抵抗に順応していくと，人間らしさが失われることになる．

◇

第3章「新しい徳目論」は，責任（responsibility）という概念が1778年まで存在しないことを指摘することで，徳目が新たに創造されることを示したうえで，現代社会の徳目として，フィロクセニア（異邦人愛），国際性，語学と機器の習得，定刻性，エウトラペリア（気分転換）を挙げている．

◇

第4章「道徳と倫理」では，技術的抽象（経過，プロセスをできるだけ少なくして，結果を大きく獲得しようとするこ

と）が，時間性を圧縮することで，人間の本質を虚無化の方向に圧縮する時代において，倫理学は，人間の生き残りの社会工学としてではなく，人間の品位をもって生き残る，よく生きるための学問になるべきだと主張される．

◇

第5章「人間と自然」では，「技術連関」が，自然と並んで，我々の日常生活の環境になっていることが強調されるとともに，人間は技術連関の中の機械なのではなく，自然であることが強調される．

今道によれば，技術連関の中では，忍耐という徳が失われるので，「待つ」ということの意味を，人生の中によみがえらせることが必要になる．

◇

以上から，「エコエティカ」の主張は，①「技術連関」としての環境の中では，②「対人倫理」や「対面倫理」を超えた倫理が求められ，③新しい徳目も必要になる，ということになるだろう．これらは現代の都市社会が要請している倫理として無理なく理解できる内容である．

『失われた景観』

松原隆一郎
PHP新書，2002年

▼景観の連続性という観点を提出して，景観論に一石を投じた本

 本書は，経済学者の松原隆一郎によって書かれた景観論である．近年では歴史的景観の保全に関する議論が盛んであるが，著者の関心は，むしろ日常の景観にある．

◇

 第一章は，郊外の景観についての論考である．著者は，均質化された住宅と，幹線道路沿いの商業店舗による郊外の景観が，どこでも似通ったものになっていることを嘆いている．
 興味深いのは，郊外のロードサイド景観の生成に，大店法の影響があったという指摘である．大型店舗の規制が，都市計画や土地利用の観点からではなく，中小小売店との利害関係だけで行われたために，大店法は大型店舗の無秩序な郊外進出を促進することになったのである．
 そこで著者は，西欧の「都市マーケティング」のやり方を紹介する．それは「中心市街地の全体をショッピング・センターと見立て，個店の配置を土地利用・建設規制により制御する」というものだ（50）．このような都市計画によって，西欧では中心街空洞化とスプロール化・郊外化を抑えたのだという．

◇

 第二章では，神戸市の「住吉川景観訴訟」が取り上げられ，その対立点が美しい景観の「創出」（行政）と慣れ親しんだ景観の「連続性」（住民）にあったことが明らかにされる．
 著者によれば，住民側の主張は「景観は歴史性と全体性を秘めるものであるため，安易に作り替えれば住民の「原風景」を崩壊せしめ，しかも急速な「変景」は歴史に断絶をもたらして，人間の適応能力を超えてしまう」ということにある（75）．ここで人々が求めているのは，美しい景観を創出することではなく，現在の景観を急激に変えないことである．
 著者は，現在は行政側の「景観創出」の立場が圧倒的に優位に立っているので，その現状を打破するために，デュープロセスにおいて「長年住んできた住民の意見」を取り入れることを提案している．

ここで彼は「こと日常景観にかんしては,市政に異議申し立てをしたり支持したりする権利を一律に与えられてきた「市民・住民」にも,その場所の「内」に住んだ時間によって,評価する資格に差があるはずなのだ」という見地から,「たとえば在住歴十年を超える住民が提出した意見書には,審議会は応答義務があるだろう」と述べている (91-93).

ここでの議論は,住民の場所や景観との関わりの長さや深さに価値をおいている点で,レルフの場所論やベルクの風土論と親和的なものになっている.

第三章では,神奈川県真鶴町の「美の条例」が紹介され,コメントが加えられている.この条例は,高層マンション建設を止めるためにつくられたものだが,その中に「美の基準」という独自のデザインコードを組み込んだことで話題になった.その経緯や内容は,五十嵐敬喜ほか『美の条例』(学芸出版社) に詳しいが,本書の記述だけでも十分な情報が得られる.

また,「美の条例」に対する著者の分析と評価も参考になる.特に,「美の条例」は,地域の「作法」や「暗黙のルール」を明文化したことに意味があるが,そもそも「作法」が共有され続けるくらい人口流動性が小さいならば,条例化する必要はなく,逆に人口流動性が高い場合には,こうしたルールを見出すこともできないので,「美の条例」は真鶴町の人口流動化が中程度だから成立できたとする見方は卓見である (135-137).

第四章では,電線地中化問題が論じられている.ここでは実際に地中化を行う場合の技術的な話にまで踏み込んでおり,地中化を擁護する著者の熱意が伝わってくる.

ただ,第一章から第三章までは,景観の改変や創出に後ろ向きな姿勢なのに,第四章では,景観をつくり出すことを称揚しているように見える.これ以上の電柱の設立を拒否するのにとどまらず,電線や電柱のない景観を実現しようとしているからである.「電柱と電線のある景観」を長く見続けて愛着をもった人々の景観の連続性は,電線地中化によって途絶えることになる.この論点について,著者は『〈景観〉を再考する』(青弓社,54-55) では言及しているので,あわせて読むとよいだろう.

全体として,情報量が多く,説明も丁寧なので,本書を読むと多くの知識を得ることができる.

『アメニティ・デザイン』

進士五十八
学芸出版社，1992年

▼「アメニティ」と造園学について知ることができる本

　著者の進士五十八は，東京農業大学の学長も務めた造園学の大家である．造園学は，landscape architecture の翻訳であり，庭園だけではなく環境設計全般に関する学問を指す．

　本書は，タイトルにもあるように，「アメニティ」をいかにデザインするかについて考察した本である．アメニティとは，〈快適環境〉を指す言葉で，日本では都市計画家・造園学者と一部の経済学者によって注目されてきた概念である．

◇

　「快：アメニティ・デザイン」の章では，「然るべきものが，然るべきところにある状態」（ホルホード）というアメニティの定義が紹介され，これが「〇〇らしい」ということなのだと説明される (13-14)．興味深いことに，日本の「さび」は「然び（しかび）」であり，「それらしい」という意味なのだそうだ．それは「内部的本質が外部的に表顕されること」であり，然びが発生するには時間的経過が必要であるという (36)．この「時間的経過」については，「時：エイジングが美しく輝く都市」という章で詳しく論じられている．

◇

　「風：「アメニティ環境」への条件」では，アメニティが総合的な環境質として規定される．英語の amenity は pleasantness と同義だが，イギリスの都市計画では①環境衛生，②快適さとシビック・ビューティ，③保存と結びつけられている．ここで進士は，アメニティの要素として PVESM (Physical, Visual, Ecological, Social, Mental) の5つを挙げている．単に物理的なものや見た目だけでなく，生態学的，社会的，精神的な要素をアメニティ概念は含んでいるのである．

◇

　「景：風景づくりと景観行政」の章では，①景観計画（ランドスケープ・プランニング）と，②敷地計画（サイトプランニング）と③風景デザイン（ランドスケープデザイン）が区別され，このうち景観計画のみが自治体固有の仕事であり，

敷地計画や風景デザインは民間や市民ができる仕事であるとされる．具体的には，既成のイメージ，立地条件，〇〇らしさを考慮し，多様の統一を図るのが，民間や市民の仕事となる（64-66）．

◇

この後は各論が続く．「水：やすらぎの水辺空間」，「緑：トータル・アメニティ資源」，「園：おもしろユニーク公園」，「農：都市社会と農地・農村・農業」という章は，タイトル通りの内容である．

「生：エコロジカル・シティ」の章では，屋上緑化の義務化や公開緑地の確保，連続した緑地帯の整備，透水性舗装の完全普及，水の省資源システム化，建築の省エネルギー化が提案される（106）．

◇

「森：森（ヴァルト）と林（フォルスト）はちがう」の章では，ドイツ発祥の「森林美学」という分野が紹介される．ドイツでは「施業林」において経済的利益と美しい森林は調和するとされ，日本でも「美林」といえば通常は人工林を指すが，その一方で日本では天然林も美の対象とされたという．

より興味深いのは，日本語における森と林の区別についての考察である．森（＝盛り・守り）と林（＝生やし）といった語源学的考察や，森（＝山）と林（＝身近な生活空間）といった対比的説明が紹介され，「森」は日本人にとって

馴致されていない自然を意味していたことが示される．

◇

「人：アメニティ・デザイナーたちの略歴」の章では，英米の代表的な造園家たちが紹介される．

イギリスでは，ウィリアム・ケントとランスロット・ブラウンが自然に近い庭園を理想とし，ハンフリー・レプトンがイギリス風景式庭園を確立させた．このレプトンの影響のもとに，アメリカでアンドリュー・ダウニングが公園設置運動を開始し，フレデリック・ロウ・オルムステッドがセントラルパークを完成させた．オルムステッドは landscape architecture の名づけ親でもある．

◇

最後に，本書から興味を引いた部分を引用する．進士によれば，都市公園法や自然公園法の意義は，「「公園」や「自然」のようにそこにそのまま存在するだけで良い，そういうものが環境づくりのポイントになり得る」ことを示したことにあるという（231）．人間が建設・施設化しない場所の確保が「アメニティ・デザイン」の肝になるということだ．

『都市と緑』

穂鷹知美
山川出版社，2004年

▼「都市における自然」を多様な角度から考える

　本書は，19世紀ライプツィヒの都市緑化の様子を，具体的かつ多面的に描き出した好著である．ドイツの都市緑化を考えるうえでカギとなるのは「クラインガルテン施設」の存在である．本書はそれを幅広い文脈の中に位置づけることに成功している．

　第一章では，本書の舞台である19世紀ライプツィヒ市の概要が述べられる．当時，ライプツィヒ市は，工業化とそれに伴う人口増加によって，緑地の減少，宅地の増加といった都市環境の激変の中にあった．ただし，市民の生活環境は，労働条件が早くから改善されていたこともあり，比較的良好であったという．

　第二章では，ライプツィヒ市当局の都市緑化政策に焦点が当てられる．
　当初は「風景式庭園」に代表されるような，美的な見地からの緑地整備が主流であったが，19世紀半ばになると，工業化と人口増加によって都市環境が悪化し，コレラなどの疫病が流行した．そこで都市環境の改善の一環として緑化が位置づけられるようになった．

　同じころ，労働者など一般の都市住民の健康強化の場としての公共緑地を求める声が，医師や教育関係者からあがり始めた．公共緑地は，労働者が余暇に運動をするための場所となった．また，ハワードの田園都市構想の影響で，庭つき住宅の開発が市当局によって進められた．

　第三章では，19世紀初頭（ビーダーマイアー期）における，ドイツ市民の園芸愛好の様子が描かれる．ここでは，より小さな単位での緑化に目が向けられている．現在でも「幼稚園」を意味する「キンダーガルテン」（子供の庭）は，教育学者フレーベルによって，この時期に構想されたものであり，この時期には緑化と教育が強く結びついていたという．

　第四章では，「クラインガルテン施設」という独特の施設について，多面的な考

察がなされている.

「クラインガルテン」とは「小さな庭」という意味であり,「居住する住宅から離れた場所にある小区画の賃貸性菜園などの園芸用地」を指す用語として,19世紀末以降に定着した言葉であるという.そこから「クラインガルテン」は,「市民農園」と訳されることもあるが,その成立の背景(整形外科医が提唱した子どもの運動のための広場の整備が発端)や,その後の展開(教育界からの注目と花壇の設置)を見ていくと,それは福祉や教育などの複合的な機能をもつ施設(「クラインガルテン施設」)として理解すべきということが分かってくる.

◇

第五章では,公共緑地とクラインガルテン施設の利用のされ方が比較される.利用規則や監視の厳しい公共緑地に対して,クラインガルテン施設は,市民の文化・福祉・教育における要望を実現していたという.

終章では,公共緑地とクラインガルテン施設のその後の展開について述べられる.20世紀に入ると,都市緑地は市当局や国家の管理下に置かれ,都市の一般市民はそれを生み出す側ではなく享受する側に徹することになった.それに対し19世紀においては,都市の緑化が専門行政化されていなかったために,かえって多様な人々が積極的に関与することができ

たという.

◇

以上が本書の概要である.このような要約だけでも,以下のことをうまく説明していることが分かるだろう.

第一に,19世紀のドイツの緑化の要素として,市当局の政策,市民の園芸愛好,クラインガルテン施設の三つが数えられること.

第二に,当時のドイツにおいては,いわゆる「環境」の問題と,福祉や教育の問題とは一体のものであったこと.そして都市における社会改革は,福祉・教育・環境の一体的な改革であったこと.

この点を強調することは,現在の「緑」をめぐる画一的な言説と,農業ロマン主義のような伝統的なイメージだけに依拠する環境論を批判的する著者の意図に適うものであろう.

そしてそのことは,環境倫理学の射程を狭義の「環境問題」や「自然保護」に限定せず,福祉や教育,そして「まちづくり活動」などと関連づけて考察することの妥当性をも示しているように思われる.

『都市のコスモロジー』

オギュスタン・ベルク
講談社現代新書，1993年

▼モダニズムとポストモダニズムの建築思想をともに批判

本書は「風土論」の研究者として知られるオギュスタン・ベルクが書いた比較都市論である．

ベルクの論立ては，第1章で「空間の中の形」（欧）と「時間の中の形」（日・米），第2章で都市の内部と外部との間の関係（内から眺める景観と外から眺める景観），第3章で都市の象徴的な創設と物理的な創設の間の関係（およびハワードの田園都市の理想と誤った形での実現），第4章で場所と空間の間の関係（場所の文脈 vs 普遍的空間）というものである．

本書はこのようなさまざまな観点から日・米・欧の都市が比較されており，啓発されることが多い．特に第1章で示される，アメリカの都市性はヨーロッパよりも日本の都市性に近いという指摘は鋭いと思う．だが，この本は違った読み方もできる．それはヨーロッパの都市に関する三つの建築思想を剔出し，ベルクの風土論の観点からのそれぞれに対する評価を把握するという読み方である．

ベルクは第2章で，ヨーロッパにおける伝統的な都市の思想を示している．それは，外から見られる都市と言いうるものである．「ウルビノの景色は都市の外部から内部へと向かう視線を前提とする」（96）．また，都市の内部においても，「都市を統一的でまとまった形態にしようとすることにこだわる力学」（106）がはたらいていたという．このような思想は，建物と街路の間の比率に関する規制システムが近年まで維持されてきたことに反映している．

しかし，このような伝統的な都市の構造は，モダニズムの建築と都市の思想によって根本的に否定された（107-112）．この点についてベルクは第4章で詳しく論じる．

モダニズムの建築と都市計画の理念は「形態」よりも「機能」を重視する「機能主義」にあった．ベルクによれば，モダニズムは「隣接する建物からの形態上

Part13　景観保全と都市環境

の独立」，言い換えれば「古典建築の提示した連鎖の原則の排除」を特徴とするという．1932年に建築家ヒッチコックとジョンソンは，モダニズムの建築様式を「国際様式」と呼んだ．それは「建築を行なう用地がどのようなものであれ，地球上いたるところでほぼ同一の，建築上の形態」のことである（198-200）．

このモダニズムについて，ベルクは「具体的な場所の独自性を抽象的な空間の普遍性に還元する」ことで，「場所を否定する」ものと評している（198）．

やがてモダニズム思想が再検討され，ポストモダニズムの思想が登場する．それは形式的貧困に行き着いた国際様式に対して，建築の形態や装飾に対する美的歓びを再発見しようとする思想である．しかし，ポストモダニズムにおいても「根本的な動機づけは，依然として人間による建設を場所の拘束に対して自立させようとするものだった」とベルクは言う（206）．「国際様式が至る所に同じものを作ることを眼目にしていたのに対し，このポストモダニズムは，場所がどこであれ，どんなものでも作ってしまうという原則に立っていたのである」（207）．ベルクの立場からすると，モダニズムにおいてもポストモダニズムにおいても場所性や風土性が無視されたということになる．

◇

以上から，ベルクはウルビノのような伝統的な都市の思想を擁護していることが分かる．だからといって，ベルクを伝統主義者と見るのは早計である．ベルクが見ているのは未来である．

ベルクは「普遍的」かつ「無限」の空間を前提にしていた近代のパラダイムに代わって地球環境の時代に新しいパラダイムが生まれつつあると主張する．そのパラダイムのキーワードは「有限性」と「単一性」であり，それらは「地球」というモデルから導かれるという．「地球は，場所というものが無色透明であるような普遍的空間ではない．数々の単一の場所で構成された，有限な空間である」（230）．このような形で，ベルクは風土論が地球環境時代に即した考え方であることを示すのである．

ベルクは，これからの時代の建築家や都市計画家の責任は重いと述べて，この本を締めくくる．「場所の単一性を尊重し，育てていくというわたしたちに与えられた義務を，建築と都市計画の言葉で創造的に表現するのは彼らの役割なのである」（231）．

『隠れた秩序』

芦原義信
中公文庫,1989年

▼西欧と日本の都市を比較し,日本の「隠れた秩序」を評価する

　芦原義信は高名な建築家である.本書は建築家の視点から見た比較都市文化論である.「醜い」と言われる日本の都市景観を肯定的に評価する点に本書の特徴がある.

　第一章「建物の外観について」では,西欧が建築の外観を規定する「形式」を重視するのに対して,日本では建築の中に繰りひろげられる生活や機能,つまり「内容」を問題としていると著者は言う(20).

　西欧の形式主義について,著者は「ルネサンス期以降,ヨーロッパの都市が修景的に取り扱われるようになってから,建築は都市美のため,その正面性が二次元的絵画のように取り扱われる傾向が出てきた」と解説する.あるヴェネツィアの教会は「正面がむしろお面のようにこの教会建築に取り付けられている」.また別の教会は,「レーザー光線のホログラフィーによって,そこに実在はしないけれど光と陰の映像としてそこに存在す

るような正面性」である(41-42).なお,本書は写真が著者の記述に説得力を与えており,特にこの「お面」と「ホログラフィー」の写真は秀逸である.

　その他,西欧の「壁」に対して日本の「床」,「遠目の建築」に対して「近目の建築」,「全体からの発想」に対して「部分からの発想」といった対比がなされる.中国建築は日本よりもヨーロッパに近いという指摘も興味深い.

　第二章「外観の曖昧性について」では,西欧の建築や都市が「輪郭線がはっきりしている」のに対し,日本の都市は「輪郭線を曖昧にしておこうという知恵がはたらいている」という(94).このことから,西欧の都市の形態と芸術性が生まれ,また日本の都市のランダム性(自然発生的な群れの構成や自然の樹木の形に似ている)が生じる.著者によれば,日本の都市はそれによって無秩序になっているのではなく,背後に「隠れた秩序」を持っているのだという.

Part13　景観保全と都市環境

　著者は日本の都市を，常に変貌しながらスプロールし，壊されても焼かれても再び蘇生してくる「アメーバ都市」と呼ぶ．著者は，なりふりかわず機能優先で作られる道路，乱杭歯のような建築群，上水道の完備，下水道の遅れ，電柱と電線などをすべて肯定的に捉え，そこに「隠れた秩序」を見て，日本の都市は，「美的，文化的価値にさえ目をつぶれば，パリなどよりはるかに住みよい」と喝破する．その上で日本人は，「目に見える秩序」である都市景観の向上に努力しなければならないと著者は言う．他に，足算の建築（日本）と引算の建築（西欧），植樹（日本）と芝生（西欧）という対比がなされる．

◇

　第三章「内部の空間について」の中心テーマは「寝室」である．著者は，靴を脱いで上がる日本の家は西欧の寝室に相当すると考える．そして「寝室住居であれば，他の社会の居間や客間で行われているような人と人との触れあいは，当然，家の外の都市の盛り場で行われることになる」(169)．その他，天井の高さや陰影について，西欧と日本の比較がなされている．

　本書では日本の都市景観が基本的に肯定されている．著者は「結び」の中で，電柱や電線，そで看板などを撤去して街並みを美化することを推奨した前著『街並みの美学』（岩波書店）と，本書の姿勢が矛盾するのではないか，という疑問が出されることを想定し，次のように答えている．

　まず，和辻の『風土』と同様に，地方の温度と湿度に注目し，それらと建築（木造／石造）との関係を指摘する．そこから，「世界の気候風土が異なるように，建築や都市のあり方も異なるのは当然なことであろう」と言う．著者によれば，「その国の街並みはそこに住みついた人々が，その歴史のなかでつくり上げてきたものであり，そのつくられ方は風土と人間のかかわりあいにおいて成立するものである．そのような歴史的な重みがあるから，東京を直ちにパリにするわけにはいかない」(202)．したがって「わが国の建築や都市の特性をよく考えて，それに最も適する「街並みの美学」が必要」なのだ（209）．

　本書が刊行された1980年代には，日本の経済的繁栄を背景にした「東京論」の流行があり，本書にもその影響が見られる．何にせよ，西洋の景観を模範として日本の景観を「醜い」と断じるよりはずっと良い．

『アメリカ大都市の死と生』

ジェイン・ジェイコブズ
鹿島出版会，2010年

▼近代都市計画を根本的に批判し，社会を変えた画期的な本

本書は都市論の分野での名著である．原書の刊行は1961年のことで，当時盛んであった近代的な都市計画を徹底的に批判して，その後の都市論や都市政策に大きな影響を与えた．

著者の批判の要点は，居心地の良い雑多な街を，画一的・機能的に再開発することは，都市から多様性を奪い，住民の生活を悪化させる，という点にある．

◇

本書は四部から成る．日本では，黒川紀章による翻訳が二部までしかなされずに刊行され，今回，全訳が出るまで，後半を読むには原書にあたらないといけなかった．

確かに，本書の主要な主張は前半部分にあるのだが，後半部分にも重要な箇所がある．以下では前半部分を軽くおさらいした上で，後半のキーポイントとなる部分を紹介することにしたい．

◇

第Ⅰ部の冒頭で，本書の目的が「近代都市計画に対する攻撃」であると宣言される．ここでは，都市計画によって地域が台なしになってしまった例や，都市計画ではスラムと見なされている地区が，実はとても居心地のよい地区であったという経験が，印象的に語られる．次に，コルビュジエの「輝く都市」や，ハワードの「田園都市」，バーナムの都市美運動など，近代都市計画の理論家や都市論者たちが一刀両断に批判される．

続く章では，「都市の独特の性質」として，歩道，公園，近隣について論じている．ここで一貫して流れている主張は，「都市は町や郊外とは異なる性質をもつ」ということである．具体的には多様性，流動性，見知らぬ人などが都市独特の性質として述べられている．以上をふまえて，第二部では「都市の多様性の条件」がより物理的な観点から述べられることになる．

◇

第Ⅱ部では，都市計画における「四つの原則」が提示される．それは①混合一次用途，②小さな街区，③古い建物，④

Part13　景観保全と都市環境

密集といったもので，都市論の分野ではジェイコブズの名前とセットで言及される．それは都市に多様性を生み出すための条件として示されたものである．

近代的な都市計画は，「四つの原則」の反対のことばかり行っている．①ゾーニングによる用途の指定，②大きな道路の建設，③新しい高額な建物の整備，④人の分散化．これらはすべて都市から多様性を失わせる結果を招くのである．

第Ⅲ部のキーポイントの一つは，「多様性の自滅」にある．多様性が都市の成功をもたらしたのに，その魅力にひかれて競争が起こり，勝った用途の複製が行われることで，多様性が減少するというのである．これは後にシャロン・ズーキン『都市はなぜ魂を失ったか』（講談社）の中でも指摘される大きな論点である．

もう一つは「脱スラム化」にある．ここで著者は，住民のスラムへの愛着こそが脱スラム化の鍵という，逆説に見えるがそうでもない主張を行っている．「脱スラム化」を達成するには，「怒涛のお金」は逆効果であり，「ゆるやかなお金」による融資が必要であるという点は慧眼といえる．

第Ⅳ部はこれまでの議論をふまえての政策論となる．ここで著者は，住宅や自動車に関する政策を打ち出すとともに，「地区行政」の活用を求めている．

本書の新訳が刊行されたのと時を同じくして，ジェイコブズの他の著作も続々と刊行（改訳・復刊）された．その中に，『市場の倫理　統治の倫理』（筑摩書房）いう名著がある．ここでは商人の倫理と行政官の倫理が峻別され，両方が尊重されるとともに，それらの混合が腐敗を招くというテーマが，会話形式で掘り下げられていく．倫理学の観点から見ても興味深い議論がなされている．

ジェイコブズ思想の参考書としては，宮崎洋司・玉川英則『都市の本質とゆくえ』（鹿島出版会）を薦めたい．この本には，本書の章ごとの要約が掲載されている．またジェイコブズの思想全体の中で，本書が占めている位置が明快に示されている．すなわち，『市場の倫理　統治の倫理』がジェイコブズ思想の中核にあり，そこから市場原理の過剰を批判したのが『壊れゆくアメリカ』（日経BP社）であり，統治の過剰を批判したのが本書であるという．納得できる見取り図である．

『都市にとって自然とは何か』

財団法人余暇開発センター編
農山漁村文化協会, 1998年

▼巻頭の赤瀬川講演録が都市にひそむ「自然」を表出させる

　本書の執筆者の一人である赤瀬川原平は, 前衛芸術家（千円札を印刷して手を加え, 作品として発表し, 起訴される）として, また作家（『父が消えた』で芥川賞を受賞, 『老人力』がベストセラー）として活躍したが, 2014年に惜しまれつつ亡くなった.

　彼のさまざまな活動の中で, 環境倫理学に関係するものとして, 1980年代の「トマソン」（無用だがなぜか保存されている物件を指す用語. もともとは読売巨人軍の外国人選手の名前）探しと「路上観察学会」の設立がある.

　本書に掲載された赤瀬川の講演では, 路上観察に基づいて, 「緑地」という意味ではない独自の「都市の自然」について語っている.

　例えば彼は, 植物が風に吹かれてコンクリートの壁をこすったことによってついた痕を写真に撮り, それを「植物ワイパー」と命名する. 本書ではこうした写真の提示とその説明が次々に行われる. これらの多くは, 人間の意図や設計を超えて生まれた風景である.「自然に無意識にできたものを撮っていく」ことは, 他力思想であり, 侘・寂にもつながるという.

　赤瀬川によれば,「自然といえば森や緑もありますけれど, 都市の中でも, 人工の力の死角のところにいくらでも自然は形を変えてあるんですね. 自然とは何かを考えるときには, むしろそういう自分の目の前の, あるいは自分の中の自然から考えていかないと, 何もつかめない」(45).

　これは「都市の自然」を考えるうえでは大事な着眼点で, 養老孟司の「「自然」とは意識がつくらなかった世界」という定義にも通じる. また, 環境教育論の岩田好宏による「特定の用途をもたない, しかも極力整備されない自然を, 都市の中に備える必要がある」という提案にもつながっていく（『環境教育とは何か』緑風出版, 48).

　このように, 赤瀬川講演録は「都市の

自然」に関して重要な論点を出しているが，これが本書の巻頭に配置されるというのは意外な構成に思える．

むしろ，その次に配置されている岸由二の小論のほうが，山野河海（ランドスケープ）としての自然をストレートに扱っており，「都市の自然」を考えるうえではオーソドックスなように思われる．この小論には岸の「流域思考」と「生態－文化地域主義」のエッセンスが詰まっている．一言でいえば，岸は都市の真ん中でナチュラリスト暮らしを送ることを推奨している．この小論を読んで岸の理論に関心をもったなら，岸由二『自然へのまなざし』（紀伊國屋書店）と『「流域地図」の作り方』（筑摩書房）に手を伸ばすとよいだろう．

その他，本書には，森岡正博と加藤尚武，野田正彰（精神病理学者），杉浦日向子（江戸風俗研究家），髙石ともや（フォークシンガー）といった人々の論考が収録されている．

大部分は余暇開発センター主催のシンポジウムの発言をもとにしており，各論考には余暇についての考察が含まれている．巻末には浅野良一（映画作家），渡会由美（余暇開発センター）の小論が付加されているが，これらは完全に余暇論である．

このことをふまえると，なぜ赤瀬川講演報告が巻頭に配置されているのかが見えてくる．都市の自然について考えるきっかけになるという以前に，「路上観察」は格好の余暇活動であるからだ．街を歩き，人間の意識が作り出したものではない意外な風景に驚き，写真にとって名づけることで一つの名所を作り出す．これは誰でも地元で手軽に行うことができるレジャーである．渋滞の中，遠くの観光地に出かけていくよりも有意義な休日の過ごし方かもしれない．多くの人が地元での余暇の楽しみ方を覚えれば，自然の景勝地のオーバーユースの解消につながるかもしれない．

赤瀬川の路上観察は『VOW全書　まちのヘンなもの大カタログ』（宝島社）とNHKの番組『ブラタモリ』の中間にある．キワモノのような写真もあるが，土地の来歴を感じさせるものもある．その幅広さを感じたければ，赤瀬川原平『超芸術トマソン』（筑摩書房）を読むことを薦める．この本は写真に対して解説の文章が非常に長い．逆に，写真が中心で解説が控えめなものとして，『路上の神々』（佼成出版社）がある．どちらも著者の視点の面白さを満喫できる．

『感性の哲学』

桑子敏雄
NHKブックス，2001年

▼「コンセプト空間」の問題点を指摘した環境哲学の傑作

　桑子敏雄は，日米の環境倫理学の流れとは別に，独自の環境哲学を構築した人である．その環境哲学は，「身体の配置」，「空間の履歴」，「感性の哲学」という三つのキーワードに集約される．またこれらは自己論でもある．桑子は「環境」について語るときには常に「自己」についても語っている．

　「身体の配置」とは何か．桑子によれば，「「配置」とは，自己とモノやひととの相関の構造を示す概念である．ひとの身体とはその身体と他のモノやひとびととの相関的な配置の関係にある．この配置こそ，ひとりひとりの固有性を決定する要因である」(196)．

　では，「空間の履歴」とは何か．桑子は次のように説明する．「人間の履歴が空間的な身体存在というあり方と不可分であるというとき，ここでいう空間は時間を組み込んでいる．空間のなかで生じた出来事は，その空間の履歴として蓄積されるからである．履歴をもつ空間のなかで，ひとは自分の履歴を積む．その履歴によって，ふたたび空間が履歴を重ねてゆく．人間の履歴と空間の履歴とを切り離すことはできない」(47)．

　「履歴を形成する身体空間は，思考によって捉えられるグローバルな空間とは異なり，ローカルな空間である．ふるさとを共有するひとびとの出会いのなかで，しばしばそのようなローカルな空間のなかに位置する通りや店が話題を提供する．同じ空間を共有したことでお互いの履歴が重なるからである」．「履歴の共有は，風景の共有でもある」(67-68)．

　これらをふまえて，著者は自己を「履歴をもつ空間でのこの身体の配置」と規定する (74)．

　以上は，『環境の哲学』(講談社) においても論じられてきた．それに対して，本書で新たに提示されたのが「感性の哲学」という視点である．ここでいう感性とは，「環境の変動を感知し，それに対応し，また自己のあり方を創造してゆく，

価値にかかわる能力」である(3).

従来の西洋哲学では,永遠の法則を捉える能力としての「理性」が重視されて,「感性」は単に外界からの情報をキャッチするだけの受動的な能力として軽視されてきたが,桑子の定義からすると,感性は「環境とのかかわりのなかで自己の存在をつくり出してゆく能動的,創造的な能力」となる(3).

さて,本書『感性の哲学』にはもう一つ,「コンセプト」というキーワードがある.ここでいうコンセプトは,桑子の環境哲学に真っ向から対立する.「風景の再編は,配置や履歴を抹消して,純粋に概念的な枠組みにもとづいて行うことができる.こうなると風景全体が概念化される」(76).桑子はこうして一つのコンセプトによって作られた空間・風景を「コンセプト空間」・「コンセプト風景」と呼ぶ.そしてそのような空間・風景を創り出すことを称揚する議論に疑問の目を向けていて,特に「原風景をつくる」という発想と行為を強く批判する.

桑子は,「原体験をもつことのできる空間,原体験をもってもいい空間としてつくられた空間での原体験とは,いったい何なのだろうか.そこで期待されたとおりの体験をすることが,自分が自分であることの体験でありうるのだろうか」と問い,「こどもたちのためと称して,「原風景」のコンセプト風景をつくるということには大きな矛盾が含まれている」という.

なぜなら,「わたしがわたしであり始めた体験から決して切り離すことのできない風景,それこそが原風景」であり,「ひとといっしょになれない自分,他者の設定したコンセプトにうまく沿えない自分の意識がそのゆらぎであり,そのゆらぎが自己の意識となる」.したがって「原体験とはコンセプトからのずれの体験」なのであり,そのような「コンセプトからのずれ,逸脱という人間の精神の重要なはたらき,このはたらきこそ,コンセプトにとらわれることなく,環境と自己とのかかわりを捉える感性のはたらきである」(51-56).

本書は,哲学者が環境を考えるために読んでも,自己論として読んでも,得るものが多いだろう.だがそれ以上に,本書は景観や地域の「デザイン」に関心のある人にぜひ読んでもらいたい.デザイナーのコンセプトが人々に特定の経験を強いている可能性はないか.コンセプトに沿って街を見て歩くのは楽しいことなのか.そういったことに考えが及ぶだろう.

『空地の思想』

大谷幸夫
北斗出版, 1979年

▼都市環境思想として今こそ採用すべき「空地の思想」を提示

大谷幸夫は, 戦後日本の代表的な建築家・都市計画家の一人である. 本書はあまり有名な本ではなく, すでに絶版になっている. しかし本書の内容は今でも重要なものが多く, 特に「空地の思想」は, 今でこそ傾聴に値する内容である.

第Ⅰ部は, 1973年の公開自主講座「公害原論」の講義の記録に修正を加えて雑誌『展望』に掲載された原稿に, 再び加筆したものである. 第Ⅱ部は, 1978年に行われたインタビューの記録である.

第Ⅰ部は四つの部分に分かれる. 第一に, 日欧の都市計画の歴史が語られる. イギリスでは公衆衛生法や, 労働者のための住宅を確保するための住宅法がつくられ, その流れで都市計画法がまとまったのに対し, 日本では産業推進のための鉄道, 道路, 河川, 港湾の整備が独立に推進され, その流れで大正期に都市計画法が作られた. その結果, 日本では基盤的な部分を他の部局に奪われたまま, 都市計画を考えなければいけなくなった.

戦後も人口増加と産業拡大のための都市計画という位置づけがなされ, 後には都市の建設や再開発自体が経済戦略として目的化してしまった. 著者はこれを「都市産業」と呼んで批判する.

第二に, 環境保全の総合性について述べられる. ここで著者は, 施設を作ればよいという「施設主義」の弊害を説く. 主管官庁の数だけ施設ができてしまうこと, 職員の待遇改善がなされないまま施設だけが増えるということ. これらは今でも通用する指摘である.

そのうえで, 全体計画（開発）と地区計画（環境保全）を二本立てで行っていることを批判し, 事業を総合的に行うことを提案する. 具体的には, 道路を通す場合には, 通した部局がそれぞれの地区に起こるすべての影響に手当てをするべきであると主張する.

第三に, 当時問題化していた, 高層建築による日照紛争について見解を述べて

Part13　景観保全と都市環境

いる．高層化はオープンスペースを生み出すための有力な手法と考えられているが，実際には高層ビルだけができ，オープンスペースは生まれないことが多い．そこから「現在の多くの高層化は，自らの大義を自ら踏みにじっている」という（35）．対策として日照時間の基準を単独で一律に定めることに対しては，ナンセンスとして批判している．人々の生活の違いを無視している，プライバシーや通風・眺望を抜きにして日照時間だけを決めることは意味がない，といった理由による．

第四に，都市の安全性について述べられる．防災の基本は，日常の生活環境を良くすることである．地下街や巨大ビルは，日常性に欠け，容易に異常事態が発生する．著者はここで，「空地」（くうち）の重要性を説く．それは文字通り，空と地面であり，空気の容量が大きければ火事の際に煙が充満することもないとして，その防災的効果を主張している．逆に地下街や巨大ビルは空地がないために危険になる．

最後に著者は，防災の重要性は容易に社会的な了解が成り立つテーマなので，環境保全・改善を実現するための戦略として防災問題を据えることができるとする．

第Ⅱ部のインタビューの論点は，日照問題，コミュニティ，道路，歴史と町並み，防災，空地の思想の6点である．これらは第Ⅰ部でも論じられた要素であり，第Ⅱ部ではインタビューに答える中で，それらが掘り下げられていく．ここでは，「空地の思想」に関する著者の言葉を拾ってみたい．

古代ギリシャでは，「施設にできないような，あるいは，特定の施設にはしないほうが良い活動とか，行動や機能が広場に残っている」（201）．

「ところが，いまは施設になるものだけが価値があるとしてそれをつくり，施設化できないものは価値がないとか存在しないかのごとく扱っている」（202）．

「まちのなかのすべてが，既知のものとして，意味づけられたものだけで埋めつくされているのはおかしい」（204）．

建築家として，「建物を自然の中に戻そう，その一員として位置づけよう，という気持は，市街地を考えるときにも当然働いていなければならない．それが市街地の中の小さな原っぱ，あるいは傾斜地の自然などをそっとして置こうとすることとつながっている」（214）．

217

Part14
都市の環境倫理をめざして

『環境倫理学』

鬼頭秀一,福永真弓編
東京大学出版会,2009年

▼フィールドワークを重視した「学際的な環境倫理学」の到達点

　本書は,鬼頭秀一が提唱する「ローカルな環境倫理」を構築するために,哲学・倫理学の研究者とフィールドワーカーが一堂に会して製作した教科書であり,「学際的な環境倫理学」の一つの到達点である.多様な出自をもつ執筆陣を束ねているのは,鬼頭の「ローカルな環境倫理」のビジョンである.とりわけ「人間」対「自然」の二項対立図式を超えるという考え方が本書全体を貫いている.

◇

　鬼頭は,二項対立図式の問題点として以下の三つを挙げている.

　第一に,環境問題を自然的環境の問題に特化してしまい,社会的環境や精神的環境を無視することによって社会的不公正を生み出してしまうという点である.

　第二に,自然と人為のどちらかが一方的に悪であると決め込み,トレードオフの構造をつくりあげてしまう点にある.人工物は有用な作用と有害な副作用があるし,自然にも恵みと脅威の側面がある.

　第三に,水路や河川などの自然的な状況が成り立つためには人間の管理が不可欠といった場面のように,人間の自然への働きかけやかかわり,ダイナミズムを把握できないという点である.

　本書の各章は,それらの問題点に対して何らかの形で応答している.この文脈において,第2章で都市と人工物の倫理について研究する必要性が語られる.

◇

　執筆者は,哲学者・倫理学者の森岡正博,丸山徳次,白水士郎,蔵田伸雄,井上有一,桑子敏雄,生態学者の立澤史郎と池田啓,科学史家の瀬戸口明久,環境社会学者の丸山康司と安田章人,ジャーナリストの佐久間淳子,生態学者の佐藤哲と松田裕之,若手研究者の福永真弓,吉永明弘,富田涼都,二宮咲子という顔ぶれである.

　興味をもった章の執筆者をチェックして,その人の論文や著書に手をのばしてみるとよいだろう.

『コミュニティ』

広井良典,小林正弥編
勁草書房,2010年

▼社会科学の各領域からコミュニティについて総合的に考察

　本書は,千葉大学の21世紀COEプログラム「持続可能な福祉社会に向けた公共研究拠点」の成果物である.本書の基調をなすのは,編者の広井良典の論文である.重要な論点がいくつも提示されているが,なかでも,子どもと高齢者の増加は「地域」との関わりが強い人々の数が増えることを意味するので,今後は地域のコミュニティが重要になる,という主張には説得力がある.また,「農村型のコミュニティ」と「都市型のコミュニティ」の区別も有益である.

◇

　第1部には,広井論文のほかに,小林正弥,倉阪秀史,菊池理夫による,コミュニタリアニズム思想に関する論考と,生態系管理とコミュニティの関連についての論考が収録されている.
　第2部では,岡部明子,角田季美枝,吉永明弘が,空間,流域,場所という視点からコミュニティを論じている.
　ここに収録されている「場所の感覚と「グローカルなコミュニティ」論」は,イーフー・トゥアン『コスモポリタンの空間』(せりか書房)の中で提唱された「コスモポリタン的炉端」という概念に基づいて,「グローカル」を2つの方向から定義している.1つは,ローカルなコミュニティを不断にグローバルへと開かせる概念として,もう1つは,グローバルな見地に立ちながらローカルな多様性を繊細に感知するという概念としてである.
　第3部では,加藤壮一郎,黒澤祐介,宮﨑文彦,一ノ瀬佳也が,都市計画論,地域福祉論,行政学,政治経済学という観点からコミュニティを論じている.
　第4部では,千葉大学内の一部屋を活動拠点として共同利用していたNPO団体の藤田敦子と藪下敦子,および千葉大学で「子ども大学」を実施した田村光子の報告が掲載されている.
　COEの多様な活動が反映された本である.

『ジェイン・ジェイコブズの世界 1916—2006』

塩沢由典，玉川英則，中村仁，細谷祐二，宮﨑洋司，山本俊哉編
藤原書店，2016年

▼35名の論客たちがジェイコブズの思想の全体像を示す

本書は，藤原書店が刊行している『別冊 環』のシリーズの1冊である．1916年に生まれ2006年に亡くなったジェイン・ジェイコブズの生誕100年・没後10年を記念して刊行された．

本書の目的は，ジェイコブズの思想の全体像を示すことにある．日本では彼女の議論は都市論や地域経済論といった個々の専門分野においては受け入れられているが，「その全体像が語られていないばかりか，横のつながりもない状態となっている」からである（2）．

そこで本書には，執筆陣として，都市論，地域経済論，倫理学など多岐にわたる分野の研究者（総勢35名）が集められている．

片山善博，塩沢由典，中村仁，平尾昌宏による座談会に始まり，槇文彦の特別寄稿，矢作弘，玉川英則，五十嵐太郎，細谷祐二，大西隆，宮﨑洋司，山崎亮，宇沢弘文，山本俊哉，間宮陽介，岡部明子といった錚々たる面々による論考が続く．内田奈芳美，渡邉泰彦，山形浩生，中村達也といったジェイコブズの著書および関連図書の翻訳者も寄稿している．

「ジェイコブズの倫理学と都市論の結合」（吉永明弘）は，ジェイコブズの『市場の倫理 統治の倫理』の主張を，ウォルツァーの理論を用いて，「統治の領域」と「市場の領域」は異なる二つの領域であり，その領域は互いに侵犯してはならないと説いたものと解釈する．

また『アメリカの大都市の死と生』を，社会的財としての「都市環境」の社会的意味を解釈し，それに反する分配が政治権力や貨幣によって行われることに対して，社会批判を行った本と理解する．

このように，ウォルツァーの理論を通じてジェイコブズの都市論と倫理学とのつながりを見出すことができるというのがこの論文の主張である．アクロバティックな感じもするが，ジェイコブズの思想の一貫性を示せてはいると思う．

Part14 都市の環境倫理をめざして

『千葉市のまちづくりを語ろう』

水島治郎，吉永明弘編
千葉日報社，2012年

▼千葉市を舞台にした「まちづくり活動」を当事者たちが紹介する

　本書は，千葉市生涯学習センター主催の市民自主企画講座の内容と，千葉大学法経学部水島治郎ゼミの活動を核にして，千葉市の各地で「まちづくり活動」を行っている人たちとともに作り上げられた本である．

　第一章「今，なぜ「まちづくり」なのか」（吉永明弘）では，地球環境問題の時代において，「まちづくり」は比較的小さなテーマとして扱われがちだが，環境について具体的に考えるには「まち」のような身近なところから始めていくべきだという主張がなされる．

　第二章「【弁天地域】まちの魅力の探し方」（齋藤伊久太郎）では，市民自主企画講座で行われた「アメニティマップづくり」の内容が紹介される．

　第三章「【栄町】学生参加のまちづくり」（水野敬一朗・水島治郎）は，栄町を舞台にした，学生の「まちづくり社会実験」の紹介である．

　第四章「【千葉市美術館】「美術館への道」とまちづくり」（千葉市美術館ボランティアの会）は，市民ボランティアによる作品解説や，駅から美術館までのマップづくりといった活動の報告である．

　第五章「「稲毛」「夜灯」ができるまで」（西田直海）は，稲毛商店街を舞台にして行われたドラマチックな地域密着型プロジェクトの紹介である．

　第六章「【若葉区泉地区】郷土の伝承とともに」（前角栄喜）では，郷土史家の手によって千葉市の伝承が綴られている．

　第七章「なぜ人は「まち」に魅せられ，住みつづけてきたのか」（加藤壮一郎）は，都市の原理についての考察である．加藤は内田樹やジェイコブズなどの議論を用いて，まちの中でまちの履歴を重視した活動をすることでおのずから多様な人間が集まってくることを理想として提示する．本書で取り上げた諸活動はまさにそのような活動だとするが，本書を通読すればその評価に納得できるだろう．

『都市の環境倫理』

吉永明弘
勁草書房,2014年

▼従来の議論を総括し,都市環境に着目した環境倫理を提示

本書は,都市環境に着目して書かれた初めての環境倫理学の本である.ここで都市環境がテーマ化されたのは,世界人口の半分以上が都市に住む現代においては,都市環境こそが身近な環境となっており,身近な環境を舞台にすることで,人々の実感に即した実現可能性のある環境倫理が提案できるという考えに基づいている.

第Ⅰ部では,これまでの日米の環境倫理学の議論が総括され,地理学などの議論を援用しながら人間と「環境」との関わりについて考察されている.この部分には環境倫理学のテキストとして用いることができるよう,学生にとって有益な情報が盛り込まれている.

第Ⅱ部では,「都市の環境倫理」が,持続可能性,都市における自然,アメニティという三つの観点から考察される.その中で,秘密基地づくりといった話題や,アメニティマップづくりといった実践についてもふれられている.

◇

都市環境を重視することに対しては批判もあるが,本書ではそれに答える形で,都市環境に着目すべき理由を明らかにしている.

第一に,都市は地球の持続可能性に貢献できる.郊外型のライフスタイルよりも,集住と公共共通の利用を中心とする都市型のライフスタイルのほうが,資源とエネルギーが節約できるからである.

第二に,都市における自然に目を向けるべきである.都市の中にも動植物は存在する.緑地も川もある.「都市には自然がない」と言ってしまうと,現にそこにある自然に目が向かなくなる.

第三に,都市はストレスが多く暮らしにくい環境だと言われるが,それは個々人のライフスタイルに起因する問題である.地方への逃避を考えるよりも,都市のアメニティの向上を試みるべきである.

哲学科の学生だけでなく,地理学や都市工学の学生にも読んでもらいたい本である.

お わ り に

　環境倫理学には三つの画期があります．第一はアメリカで環境倫理学が誕生
した1970年前後．『沈黙の春』や『成長の限界』などを背景に，1972年に「国
連人間環境会議」がストックホルムで開催され，世界規模で環境問題が話題に
なった時代でした．アメリカではリン・ホワイト Jr. が環境問題のキリスト教
原因説を打ち出し，またベトナム反戦運動とカウンターカルチャーの影響もあ
って，科学文明のあり方や倫理の根本的転換が求められました．日本では公害
が「地獄の様相」（宮本憲一）を呈しており，広範な環境運動の結果，環境汚
染対策が進められましたが，その被害の影響は今も残っています．
　第二の画期は1990年前後．この頃に日本に環境倫理学の議論が導入されまし
た．「地球環境問題」が冷戦終結後の国際政治の大きなテーマとなり，1992年
に「国連環境開発会議」（地球サミット）がリオデジャネイロで開催されました．
「グローバル」や「エコ」といった言葉が広く使われるようになったのはこの
頃からです．また，その名に「環境」を冠する学問分野や学会，書籍，雑誌な
どがたくさん生まれました．本書で紹介した本の大部分は，この1990年前後か
ら2010年前後に刊行されています．
　そして第三の画期が2010年前後．映画『不都合な真実』の公開，IPCC 第4
次報告書，そして2011年3月11日の東日本大震災と福島第一原発事故によって，
環境問題が遠い将来の問題ではなく直近の課題であるという認識が広がりまし
た．特に福島第一原発事故は，従来の環境倫理学の力不足を突きつけられた出
来事でした．3.11については膨大な数の本が刊行されましたが，本書ではほ
とんど取りあげていません．それだけでもう一冊のガイドブックが必要になる
と思います．本書で選んだ本は，3.11以前に書かれたけれども，3.11以後の
状況でもその意義を失っていないものばかりです．
　3.11以後の日本と世界の状況をふまえた最新版の環境倫理学について知りた
い人は，本書の後に刊行される吉永明弘，福永真弓編『未来の環境倫理学』

おわりに

（勁草書房）を読んでください．若手の環境倫理学者たちが最新のテーマ（原発，未来倫理，放射性廃棄物，環境徳倫理学など）について論じています．ここには環境倫理学の最前線の議論があります．

本書刊行のきっかけを作ってくれたのは勁草書房の長谷川佳子さんでした．橋本晶子さんは，前著『都市の環境倫理』に続き，今回も編集を担当してくださいました．また，以下の方々には，面白い本を紹介していただいたり，原稿に対してコメントをいただいたりと，お世話になりっぱなしです．角田季美枝さん，道家哲平さん，加藤壮一郎さん，齋藤伊久太郎さん，田中さをりさん，神尾直志さん，山本剛史さん，寺本剛さん，熊坂元大さん，増田敬祐さん，太田和彦さん，桑田学さん，岩崎茜さん，加藤まさみさん，石橋弘之さん．この場を借りて御礼申し上げます．

＊本書は科学研究費（基盤C）「21世紀における「ローカルな環境倫理」についての包括的研究」（2016年度〜2018年度）の研究成果の一つです．

初出一覧

　本書はほぼ書き下ろしですが，一部にこれまでに書いたものからの転用があります．
なお，その際にも大幅に改変してあります．以下に主要な初出を挙げておきます．

　【書評】「都市環境と「公共」の領域――環境史が与える示唆」
　　『公共研究』第2巻第1号（千葉大学公共研究センター），2005年，139-145頁.
　　穂鷹知美『都市と緑――近代ドイツの緑化文化』（山川出版社，2005年）の紹
　　介．
　【書評】「「生物多様性」概念の多角的な検討――保全生物学，サイエンススタデ
　　ィーズ，環境倫理学」
　　『公共研究』第3巻第4号（千葉大学公共研究センター），2007年，251-275頁.
　　デヴィッド・タカーチ『生物多様性という名の革命』（日経BP社，2006年）
　　の紹介．
　【書評】「ロジックが世界を変える」
　　『公共研究』第7巻第1号（千葉大学公共研究センター），2011年，256-263頁.
　　及川敬貴『生物多様性というロジック』（勁草書房，2010年）の紹介．
　【書評】J.R.マクニール著（海津正倫・溝口常俊監訳）『20世紀環境史』（名古屋
　　大学出版会，2011年）
　　『社会と倫理』第27号（南山大学社会倫理研究所），2012年，214-215頁.
　【書評】山脇直司編『科学・技術と社会倫理』東京大学出版会
　　『図書新聞』3206号，2015年5月.
　【書評】人文・社会科学のための研究倫理ガイドブック
　　『応用倫理』第9号（北海道大学応用倫理研究教育センター），2016年，30-32
　　頁.
　【書評】「「レジリエンス」とは何か――アンドリュー・ゾッリ，アン・マリー・
　　ヒーリー著，須川綾子訳『レジリエンス　復活力』の紹介」
　　吉永明弘編『都市の環境倫理　資料集』江戸川大学現代社会学科，2014年，
　　113-133頁.

著者略歴

1976年生.
2006年　千葉大学大学院社会文化科学研究科修了.
現　在　江戸川大学社会学部准教授. 専門は, 環境倫理学, 公共哲学.
著　書　『都市の環境倫理――持続可能性, 都市における自然, アメニティ』(勁草書房, 2014) ほか.

ブックガイド　環境倫理
　　　基本書から専門書まで

2017年12月20日　第1版第1刷発行

著　者　吉　永　明　弘
　　　　よし　なが　あき　ひろ

発行者　井　村　寿　人

発行所　株式会社　勁　草　書　房
　　　　　　　　　けい　そう

112-0005　東京都文京区水道2-1-1　振替 00150-2-175253
（編集）電話 03-3815-5277／FAX 03-3814-6968
（営業）電話 03-3814-6861／FAX 03-3814-6854
堀内印刷所・中永製本

©YOSHINAGA Akihiro　2017

ISBN978-4-326-60300-8　　Printed in Japan

JCOPY　<(社)出版者著作権管理機構　委託出版物>
本書の無断複写は著作権法上での例外を除き禁じられています.
複写される場合は, そのつど事前に, (社)出版者著作権管理機構
（電話 03-3513-6969, FAX 03-3513-6979, e-mail: info@jcopy.or.jp）
の許諾を得てください.

＊落丁本・乱丁本はお取替いたします.
http://www.keisoshobo.co.jp

R. ノーガード 竹内憲司 訳
裏 切 ら れ た 発 展
進歩の終わりと未来への共進化ビジョン

A5判　3,500円
60162-2

高橋広次
環 境 倫 理 学 入 門
生命と環境のあいだ

A5判　2,000円
60237-7

西村清和
プラスチックの木でなにが悪いのか
環境美学入門

四六判　3,900円
65367-6

朝日新聞科学医療グループ 編
や さ し い 環 境 教 室
環境問題を知ろう

四六判　2,000円
65365-2

及川敬貴
生 物 多 様 性 と い う ロ ジ ッ ク
環境法の静かな革命

A5判　2,200円
60231-5

小池康郎
文系人のためのエネルギー入門
考エネルギー社会のススメ

A5判　2,400円
60235-3

嵯峨生馬
プ ロ ボ ノ
新しい社会貢献　新しい働き方

四六判　1,900円
65362-1

原田晃樹・藤井敦史・松井真理子
Ｎ Ｐ Ｏ 再 構 築 へ の 道
パートナーシップを支える仕組み

A5判　2,800円
60228-5

吉永明弘
都 市 の 環 境 倫 理
持続可能性，都市における自然，アメニティ

A5判　2,200円
60260-5

――― 勁草書房刊

＊表示価格は2017年12月現在，消費税は含まれておりません．